W0192823

CALLWEY

TINA SCHNEIDER-RADING
ULRIKE SCHACHT

SHOP GIRLS

28 FRAUEN
UND IHR TRAUM VOM
EIGENEN LADEN

CALLWEY

CITY PICKNICK
Kochbuch

INHALT

VORWORT

Meine Tante hatte einen Laden. Sie verkaufte Damenschuhe – feine Highheels und Sandaletten, butterweiche Ballerinas und Mokassins aus Italien. Ich war sechs Jahre alt, und ich sehe sie noch vor mir, ihre Münchner Boutique, die nicht viel größer war als – naja – eine Schuhschachtel: die goldenen Tüten mit den braunen Kordeln, den lederbespannten Kassentisch und die roséfarbenen Sessel, auf denen ihre Kundinnen Platz nahmen. Ich sehe das schmale, geheimnisvolle Lager hinterm Samtvorhang, wo man auf eine Trittleiter kraxeln konnte und wo es immer so gut nach Leder roch. Ich war klein und fand es wunderbar, die teuren Schuhe immer wieder in den Händen zu drehen und neu zu sortieren.

Als ich gefragt wurde, ob ich dieses Buch verwirklichen will, ist mir sofort meine Tante eingefallen. Wie sie mit geradem Rücken in diesem Laden steht. In ihrem Laden. Ein Shop Girl. Mit der Fotografin Ulrike Schacht machte ich mich auf die Suche nach Frauen, die diesen Traum heute leben. Und plötzlich kam es uns vor, als sei ganz Deutschland, Österreich und die Schweiz übersät mit kleinen Läden und starken Frauen darin.

Wir fuhren los, porträtierten 20 Geschäfte und ließen 28 Frauen ihre Geschichte erzählen. Einigen kommt man beim Lesen so nah, dass es weh tut. Viele verdienen jetzt weniger als in ihrem vorherigen Beruf, manche hatten sich den Weg zum Erfolg einfacher vorgestellt. Aber: Die meisten sind jetzt glücklicher als jemals zuvor in ihrem Leben. Und alle, ausnahmslos alle, würden es wieder tun. Es geht um die unstillbare Lust am Gestalten und um Baustellen – im Laden und im Leben; um Abschiede und Neuanfänge, Mietverträge und durchgeschuftete Nächte, um den verpassten ersten Kunden, neu aufgeblasene Luftballons und um beste Komplizen.

Ob Concept Store, Blumenladen, Papeterie oder Buchhandlung: Zwei Dinge haben alle Shop Girls gemeinsam. Erstens: sie sind sich durch den eigenen Laden ihrer Ressourcen bewusster geworden, sie sind stärker als sie dachten. Und zweitens haben sie Menschen hinter sich, die ihnen Halt geben, wenn die Arbeitswoche wieder mal mehr als 60 Stunden hat: die beste Freundin, die Mutter. Oder Väter, Ehemänner, Partner und Söhne, die anpacken und mitziehen.

Neben den Erfolgsgeschichten gibt's jede Menge Praktisches: Stilgeheimnisse, schnelle Partyrezepte und DIYs für Zuhause. Und einen umfangreichen Extrateil für alle, die sich von so viel Mut haben anstecken lassen. Dort verraten unsere Shop Girls die nachhaltigsten Erfolgsgeheimnisse, und Gründungscoach Brigitte Windt sagt, wie man den Anfang findet. Shop Girl Sonja Völker weiß, wie man Stolpersteine aus dem Weg räumt, und Sabine Gauditz hat als Spezialistin für visuelles Marketing Tricks auf Lager, die jeden Laden zum Hingucker machen.

Ach ja, den Laden hat meine Tante nach ein paar Jahren aufgegeben. Das war okay so. Sie hatte ihren Traum verwirklicht, das zählte. Die Erinnerungen daran bleiben greifbar. Und einer ihrer samtbezogenen Sessel steht heute in unserem Schlafzimmer.

Und jetzt: hereinspaziert! Herzlich,
Tina Schneider-Rading

GRÜNBLAUGRAU INTÉRIEUR

CAROLIN AKSTINAT & KATHRIN RADERMACHER

35 UND 34 JAHRE

VENLOER STRASSE 457
50825 KÖLN
GRUENBLAUGRAU.DE

DO + FR 13–19 UHR,
SA 12–17 UHR

PERLEN-TAUCHER

Bemalte Fensterfront, lackierter Industrieboden und nur drei Tage die Woche geöffnet: Ist das hier eine Galerie? Viel besser! Carolin Akstinat und Kathrin Radermacher lassen in „Grünblaugrau“ nicht nur ihre Augenfarben ineinanderfließen, sondern auch ihre Kreativität. Hier findet man Schätze wie einzigartige Vintagemöbel aus Belgien und Frankreich und teils limitierte Accessoires noch unbekannter Designer aus der ganzen Welt. Eine Entdeckungsreise.

Blumenfenster: *Kathrin und Carolin lassen ihr Schaufenster regelmäßig von Künstlern gestalten und feiern die Mitarbeit für alle Seiten kundenwirksam auf Facebook und Instagram. Hier ließ die Illustratorin Swantje Hinrichsen aus Münster Zweige übers Glas ranken.*

CAROS INSPIRATIONS-BLOGS FÜR DEN LOOK IM LADEN

- designsponge.com
- kooye.de

Geliebtes Grau: *Der alte Fliesenboden im vorderen Teil des Ladens wurde mit Industrielack versiegelt. Er wird sonst in Autowerkstätten oder Mechanikerhallen verwendet.*

.... „Seit meiner Kindheit wollte ich Architektin werden. Ich dachte, dabei kann man sich kreativ austoben, und unbeirrt begann ich direkt nach dem Abi ein Architekturstudium. Die ersten Semester ernüchterten mich allerdings sehr, sodass ich kurzerhand auf Grafikdesign an einer Kunstakademie umstieg. Inzwischen arbeite ich als selbstständige Grafikdesignerin und hatte mir unseren jetzigen Laden als Atelier eingerichtet. Mein riesiges Schaufenster vermietete ich als Ausstellungsfläche an Leute, die entweder selber kein Ladenlokal oder bisher ihre Sachen nur online vertrieben hatten. Kathrin hat noch einen Möbelladen hier um die Ecke, ihr fehlte lediglich ein Schaufenster – also mietete sie sich bei mir ein, was wahnsinnig erfolgreich lief. Alle Möbel aus dem Schaufenster waren nach kurzer Zeit verkauft. Kathrin hat einen unglaublichen Spürsinn für schöne Möbel mit Geschichte. Eine Schulbank, eine Leiter mit ganz vielen Farbschichten oder ein alter Küchenstuhl – alles, was sie auswählte und wie sie es arrangierte, traf genau meinen Geschmack. Zudem verstanden wir uns auf Anhieb super.

Aus einer Weinlaune heraus sprachen wir Anfang 2016 einen ganzen Abend lang über die Vision eines gemeinsamen Ladens und stellten fest, wie gleich wir bei diesem Thema tickten. Auch am nächsten Tag ließ uns der Gedanke nicht los. Nur ein paar Monate später war die Idee beschlossene Sache, und ich räumte meinen Schreibtisch für unser gemeinsames Projekt.

Die Voraussetzungen bringen wir beide mit: ich habe lange in Kommunikationsagenturen gearbeitet, dort viel über Handelsmarketing gelernt und auch verschiedene Storedesigns entwickelt. Ich bin sehr lange Tage, Stress, ein schmales Budget und viel Selbstmanagement gewöhnt. Auch Kathrin weiß durch ihre Doppelrolle als Mutter und Ladeninhaberin mit Stress umzugehen und kann sich gut organisieren. Ihre kleine Tochter, dazu ihr anderer Möbelladen und jetzt auch noch unser gemeinsamer Shop hier: das ist eine große Herausforderung. Um unsere Möbel an Land zu ziehen, fährt sie sonntags oft um zwei Uhr früh mit einem Transporter los, rennt mit Taschenlampe über die Flohmärkte und trifft sich mit Händlern. Wenn sie abends zurück nach Köln kommt, ist sie oft völlig verdreckt, durchgefroren und todmüde, aber glücklich und stolz über die neuen Funde.

Ich mache mich auch am liebsten im Ausland auf die Suche nach neuen Schätzen: ein außergewöhnliches Material, ein altes Handwerk, eine neue Idee, ungesehene Stile, interessante Menschen, eine ungewöhnliche Farbkombination – all diese Bilder und Inspirationen bekomme ich auf meinen Reisen geschenkt. Online kann

VINTAGE-STUHL MIT BESTICKTER SITZFLÄCHE

DAS BRAUCHST DU:

- *Einen alten Holzstuhl (vom Flohmarkt, Sperrmüll oder Dachboden)*
- *Punkteschablone*
- *Kleberolle*
- *Akkuschrauber*
- *Holzbohrer in zwei Größen*
- *Küchengarn*
- *Große Nadel*
- *Schere*
- *Schleifpapier*

Tipp: Die Schablone gibt's im Internet: www.gruenblaugrau.de/diy/kaktus.pdf. Sie lässt sich am PC aber auch ganz leicht selbst gestalten.

UND SO MACHST DU ES NACH:

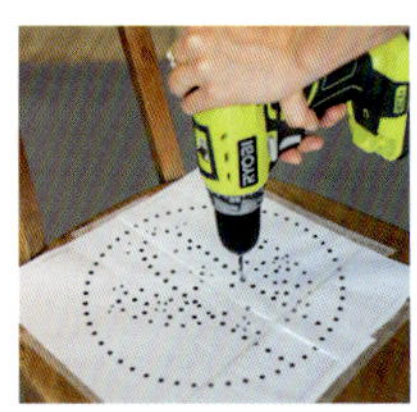

STEP 1:
Punkteschablone mit Klebestreifen auf der Sitzfläche fixieren. Mit dem Akkuschrauber vorsichtig alle Punkte durchbohren, dabei nicht aufsetzen. Schablone abnehmen.

STEP 2:
Löcher abschleifen und besticken: Faden durch ein Loch von der Unterseite nach oben führen, ein Loch zurückstechen, unten zwei Löcher vorwärts, ein Loch zurück usw.

STEP 3:
Beim Sticken von außen nach innen vorgehen, sprich erst den Kreis, dann die Umrisse, dann das Innenleben besticken. Die Enden des Garns auf der Unterseite verknoten.

Glückwunsch-Galerie: *Schmucke Karten werden an Holzleisten präsentiert als das, was sie sind – kleine Kunstwerke.*

man viel entdecken, und ich bin manchmal nächtelang im Netz unterwegs. Aber viel wichtiger ist mir, Dinge live zu sehen und anzufassen.

Wir haben den Anspruch, viele Sachen hier exklusiv in Köln anzubieten. Das ist irre aufwendig – manchmal schreibe ich zwanzig Mails, um ein neues Label für unseren Laden zu gewinnen. Wir verkaufen oft kleinste Stückzahlen von noch unbekannten Designern. Manchmal sind auch Labels dabei, die ihre Produkte bisher noch nie ‚in einem richtigen Laden' verkauft haben. Für die Möbel gilt ohnehin: Was weg ist, ist weg. Es sind ja alles Einzelstücke. Bei den neuen Accessoires bestellen wir maximal zweimal nach und machen uns dann wieder auf die Suche nach Neuem.

Diese Verknappung weckt bei den Kunden das Jagdfieber. Wenn wir so hinter der Theke stehen, ist es unglaublich spannend zu sehen, wie die Leute auf unsere alten und neuen Schätze reagieren und was ihnen gefällt. Wichtig ist uns, dass wir die Kunden durch den Laden begleiten und von den Geschichten hinter den Möbeln und Labels erzählen. Oft entwickeln sich aus den Gesprächen mit den Kunden völlig neue Einrichtungsideen. Manchmal kommen diese Ideen von uns, manchmal bekommen wir selbst welche zurück. Was uns beide in anderen Läden übrigens wahnsinnig macht: Wenn jemand hinter der Theke steht und sich nur mit seinem Handy beschäftigt. Klar kann man nicht immer perfekt und präsent sein. Aber für uns ist das hier eine Passion und eine Herzensangelegenheit. Und nicht einfach nur ein Geschäft."

„UNSER LADEN SOLL INSPIRIEREN. BEI UNS KOMMT MAN NICHT NUR ZUM FINDEN, SONDERN ZUM ENTDECKEN."

Ruhepunkt: *Der von Carolin entworfene Tresen aus weiß lackiertem Sperrholz ist die neutrale Insel im Laden und stiehlt den Möbeln nicht die Show. Vorne präsentiert er ausgesuchten Lesestoff, im Innenteil ist Platz für Kasse und Tüten.*

KATHRINS TOP-3-LIEBLINGSFLOHMÄRKTE

- **Antiquitätenmarkt in Tongeren, Belgien**
  Der größte Antiquitätenmarkt der Beneluxländer. Jeden Sonntag von 6 bis 13 Uhr.
  Infos: tongeren.be

- **Trödelmarkt „Braderie de Lille"**
  Einer der größten Trödelmärkte Europas. Jedes Jahr am ersten September-Wochenende, von Samstag 14 bis Sonntag 23 Uhr (ohne Unterbrechung!).
  Infos: www.braderie-de-lille.fr

- **„Design Market" in Brüssel**
  Ein Paradies für Vintage-Liebhaber! Mit Designikonen des 20. Jahrhunderts in den historischen Markthallen von Tour & Taxis, jedes Jahr im März/April und September.
  Infos: designmarket.be

Echte Werte: Abgeblätterte Farbe und Roststellen gehören zum Konzept. Davor hebt sich die Neuware besonders hochwertig ab.

AUBERGINENCHIPS AUF PASTASALAT

DIESES REZEPT FINDEST DU AUF SEITE 187

Markenzeichen: Das Logo entstand während eines Abends. Grafikdesignerin Carolin gestaltete es natürlich selbst. Die Preisschilder aus dicker Pappe werden von Hand gestempelt.

edi m.
EDI M.
STEFANIE MARTHOLD
31 JAHRE
BÄRENSCHANZSTRASSE 39
90429 NÜRNBERG
EDIMSTORE.DE
DI–FR 11–19 UHR,
SA 11–16 UHR

DSCHUNGEL-PRINZESSIN

Stefanie Marthold ist ein intensiver, rastloser Mensch. Sie liebt den schnellen Puls der Großstadt und gleichzeitig die Ruhe der Natur. In ihrem Nürnberger Concept Store findet die Modedesignerin die Erdung, die sie jahrelang suchte. Und sammelt für ihre Kunden kreative Fundstücke, von Eco-Mode bis zum Emaillebecher. Alles in dem Stil, den sie auch selbst verkörpert – bis zum Tannenzapfen-Tattoo auf ihrem Unterarm.

***Grüner Glamour:** Steffi mischt glänzende Metallictöne mit kräftigem Zimmerpflanzengrün.*
Die Leuchtenleiste mit den Retro-Glühbirnen gibt dem Raum zusätzlich Struktur.

.... „Ich liebe es, frei zu sein. Nicht nur in der Natur mit meiner Hündin Edi, nach der ich übrigens meinen Laden benannt habe. Sondern auch frei in meinen Entscheidungen. Die Idee zum Laden hatte ich schon vor fünf Jahren. Da kam ich gerade von Berlin nach Nürnberg zurück. Sprich, von der Großstadt in die Provinz, ein vollkommen anderes Lebensgefühl. Berlin, dieser Stadt musst du dich ganz hingeben – oder sie frisst dich auf, sie verschluckt dich einfach. Ich war dort oft von Mittwoch bis Sonntag unterwegs. Tagsüber hatte ich als Stylistin fürs Fernsehen gearbeitet und Moderatorinnen angezogen, nachts machte ich Party. Klar, dass das an die Substanz geht. Weil ich diesen Kreislauf durchbrechen wollte, entschied ich mich für ein paar Monate Auszeit. Auf einem Kreuzfahrtschiff jobbte ich als Wardrobe Assistant und kleidete die Schauspieler und Sänger für die Aufführungen an Bord ein. Eine super Zeit, aber eben nichts für immer.

Und dann also Nürnberg. Ich erzählte meinem Vater von meiner Idee: ein eigener Laden für mich Heimkehrerin, ein Concept Store, in dem ich meine Lust am Gestalten und Dekorieren ausleben und Nürnberg ein bisschen Berliner Spirit verpassen könnte, das wäre doch genau das Richtige für mich. Mein Vater ist selbst Unternehmer und weiß, wie hart das Leben als Selbstständiger sein kann, wenn man keinen guten Plan hat. Er machte meine Idee mit drei Sätzen zunichte. Er meinte es gut – aber ich heulte. Heute weiß ich, dass die Zeit einfach noch nicht reif war, ich hatte einfach noch nicht genügend Erfahrungen gesammelt.

Ich fing als Store Manager bei einer amerikanischen Modekette an und zog für sie eine Filiale in Nürnberg auf. Ich brannte für diesen Job, und er verschluckte mich: Oft arbeitete ich 70 Stunden die Woche, schlief nicht mehr richtig, sah meine Freunde kaum mehr.

UPCYCLING: DER RECHEN DIENT ALS HAKENLEISTE, AN DER WAND ERZÄHLT JEDES BRETT EINE GESCHICHTE.

***Volles Rohr:** Die Regale aus Heizungsrohren schweißte Steffis Vater zusammen. Darauf liegen dunkel lackierte Baubohlen.*

Alles nur, um diesen Laden am Laufen und mein Team bei Laune zu halten. Irgendwann zog ich während eines Meetings meinen Pullover aus, und alle fingen an zu lachen. Ich trug den BH über meinem T-Shirt. Aus Versehen! So ferngesteuert und zerstreut war ich schon. Ihr seht, ich bin schnell, manchmal zu schnell. Sodass ich selber nicht mehr mitkomme. Ich merkte, ich muss mein Tempo drosseln. Und heute weiß ich zum Glück, wie ich das hinbekomme.

Dieser Laden war meine Rettung. Meine beste Freundin führte mich hin, früher war er mal ein Friseursalon. Und ich sah mich sofort hier auf den Stufen sitzen. Ich habe in den Jahren bei der Modekette so hart gearbeitet und keinen Urlaub gemacht, dass ich genug Geld für den Start auf der hohen Kante hatte. Und ich habe gelernt, wie man mit Kunden umgeht, wie man mit Farben und Formen spielt, wie man einen Shop richtig aufbaut. Ich rate jeder Frau, die den Traum vom eigenen Laden hat: Erfüll ihn dir! Niemand anderes wird es für dich tun. Keine Arbeitsstelle, kein Partner und keine Gesellschaft ist es wert, dass du dich selbst und deine Träume vergisst. Für meinen Traum war es Zeit, in Erfüllung zu gehen: Ich schenkte mir zum 30. Geburtstag die Selbstständigkeit.

Als ich meinem Vater zum zweiten Mal vom eigenen Laden erzählte, hatte ich den Mietvertrag längst unterschrieben. Ich heulte schon, bevor ich auch nur ein Wort rausbrachte. Er sah mich lange an. Dann lächelte er und holte einen großen, schweren Pappkarton aus meinem ehemaligen Kinderzimmer. Darin war die Kaffeemaschine, die jetzt auf meinem Tresen steht. ‚Weißt du, dieses Ding habe ich schon vor fünf Jahren gekauft. Für dich und deinen Laden', sagte er. ‚Ich habe immer an dich geglaubt.' Und nicht nur dafür werde ich ihm mein Leben lang dankbar sein."

STEFFIS LIEBSTE INTERIORBLOGS

- thejungalow.com
- urbanjunglebloggers.com
- missmadeit.com

LÄSSIGER ZEITSCHRIFTENHOCKER

DAS BRAUCHST DU:

- *40–50 Zeitschriften, alle gleich groß*
- *3 breite Ledergürtel, alle gleich lang*
- *1 dicke runde Holzleiste, im Baumarkt in 4 Stücke à 10 cm zuschneiden lassen*
- *1 Pressspanplatte, im Baumarkt nach den Maßen der Zeitschriften zuschneiden lassen*
- *Akkuschrauber*
- *Universalschrauben (3,5 x 35 mm)*
- *Lochzange*

UND SO MACHST DU ES NACH:

STEP 1:

Das Brett auf die Holzbeine stellen, die Beine bündig an die Ecken rücken. Schrauben langsam durchs Brett in die Beine drehen, dabei diagonal vorgehen: erst das erste, dann das dritte Bein.

STEP 2:

Zeitschriften versetzt aufeinanderstapeln, bis die Sitzhöhe erreicht ist.

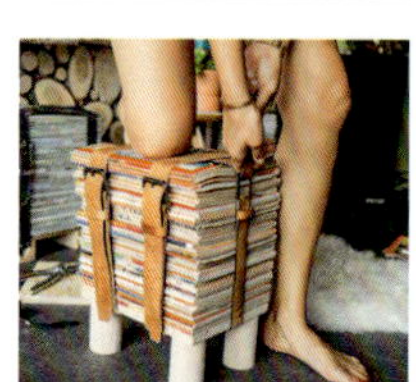

STEP 3:

Gürtel um den Hocker schlingen, festzurren und abmessen. Dafür die Dornschließe ins Leder drücken. In zwei Gürtel mit der Lochzange in gleichen Abständen Löcher stanzen. Den dritten Gürtel an der Längsseite des Hockers unter die beiden ersten führen. Ebenfalls abmessen, stanzen und festzurren.

URBAN-NATURE-STYLE: SO VERPASST DU DEINER WOHNUNG DEN LOOK VON EDI M.

- **Sammle Sukkulenten.** Meine Lieblinge heißen *Monstera deliciosa, Pilea peperomioides* und *Scindapsus aureus.*
- **Ersetze deinen Kleiderschrank** durch ein Kupferrohr aus dem Baumarkt, das an Seilen oder Ketten hängt.
- **Weinkisten an die Wand!** Schraub sie fest und verstaue darin Bücher, DVDs und Hängepflanzen.
- **Verwende starke Farben.** Eine burgunderfarbene Couch oder eine Wand in tiefem Petrol – wirkt Wunder gegen Langeweile.
- **Vergiss Standardlampen.** Schraub eine große Glühbirne im Vintagestil (z.B. von PureLume) in eine Fassung mit extra langem Textilkabel. Führe das Lampenkabel durch einen Haken, den du etwa 1 Meter vom Anschluss entfernt in die Decke drehst. Wirkt extra lässig.
- **Kleb dir eine.** Deine einfache Kommode wird schnell zum Schmuckstück, wenn du die Schubladen mit Printfolie in Kupfer oder Gold beklebst.

„ICH RATE JEDER FRAU MIT DEM TRAUM VOM EIGENEN LADEN: ERFÜLL IHN DIR! NIEMAND ANDERES WIRD ES FÜR DICH TUN. KEIN JOB UND KEIN PARTNER IST ES WERT, DASS MAN SICH SELBST UND SEINE TRÄUME VERGISST."

MANDEL-CAKEPOPS MIT NUSSNUGAT-KERN

DIESES REZEPT FINDEST DU AUF SEITE 189

GOLDREGEN
FLORAL DESIGN
NINA KLEINZ
31 JAHRE
LÜTTICHER STRASSE 49
50674 KÖLN
GOLDREGEN-FLORALDESIGN.DE
MO–FR 9–19 UHR,
SA 9–18 UHR

NATUR-SCHAUSPIEL

Vor dem Schaufenster flattert ein Schmetterling von einer Wiesenblume zur nächsten. Eine Insel der Ruhe zwischen Autos und Baustellen, mitten im Belgischen Viertel von Köln. Nina Kleinz ist wie dieser Schmetterling, sie strahlt eine stille Freundlichkeit aus. Und ihr Blumenladen verzaubert: mit Fenchelstängeln und Artischocken, Anemonen, Wicken und anderen längst vergessenen Pflanzen. Doch hinter der Leichtigkeit steckt harte Arbeit. Und ein Traum, der fast so alt ist wie Nina selbst.

Werkraum: Die Universitätsvitrine hinten links gehört zu Ninas Lieblingsstücken im Laden. Die massive Holzwerkbank ist die Leihgabe eines befreundeten Schreiners. Nina befreite sie aus einer dunklen Garage.

.... „Ich kann mich gut in Dinge vertiefen. Sträuße binden, Rosenbögen für Hochzeiten stecken oder nur ein paar Blüten arrangieren – ich fasse die Blumen an und bin in meinem Element. Dann spielt mein Zeitgefühl verrückt, ich bekomme gar nicht mit, wie die Minuten verfliegen. Ich bin gelernte Kostümbildnerin, aber Blumen haben mich schon immer begeistert. ‚Berufswunsch: Floristin', das habe ich schon als Kind in alle Freundschaftsalben eingetragen. Daran hat mich eine Freundin erinnert, mir selbst war dieser Traum im Laufe meines Lebens irgendwo abhanden gekommen. Ich begann eine Ausbildung zur Floristin, wurde schwanger, stieg nach der Elternzeit sofort wieder ein, und mittlerweile sind unsere zwei Kinder im Kita-Alter: Ich bin es also gewohnt, irgendwie alles unter einen Hut zu kriegen – es ist trotzdem nie genug Zeit. Früher hatte ich ständig den Drang auszugehen und Freunde zu treffen. Heute reicht es mir, wenn ich einfach nur zu Hause bin und ein paar ruhige Minuten mit meinem Mann und den Kindern verbringe.

Der Laden, das ist sowas wie mein drittes Kind. Der Wunsch hat sich schleichend entwickelt und schwirrte immer öfter in meinem Kopf herum. Mit einem Foto fing alles an: ein schwedischer Blumenladen, ich hatte ihn auf Instagram gefunden. Ich hielt das Bild meinem Mann unter die Nase. Er sagte einfach: ‚Mach einen Laden klar. Und fang an.' Mein Mann ist ein eher vorsichtiger Typ, gerade deswegen hat mich seine Zustimmung überrascht. Wenig später kam ich an einem Sonntag auf dem Rückweg vom Flohmarkt an der Brüsseler Straße vorbei. Und sah auf einmal einen uralten Friseursalon. In einem Leuchtkasten im Schaufenster stand ganz groß eine Telefonnummer. Am Montag rief ich an. Am anderen Ende war die Friseurin, die nach langer Selbstständigkeit genau in dieser Woche in Rente ging. Sie gab mir die Adresse des Eigentümers. Ich stiefelte kurz entschlossen zu seinem Haus, mit meiner kleinen Tochter auf dem Arm.

Ein zeitgemäßer Blumenladen jenseits der klassischen Floristik, so etwas gibt es im ganzen Belgischen Viertel nicht. Dabei ist die Kundschaft hier direkt vor Ort, die junge Generation, die Kreativen. Ich hatte eine Marktlücke in diesem Viertel entdeckt – und nachdem ich dem Vermieter auch noch mein Konzept geschickt hatte, war er überzeugt: Ihm gefiel wahrscheinlich der Gegensatz zu den Cafés und Modeboutiquen hier in der Straße. Vielleicht hat ihm auch gefallen, dass ich gleich persönlich aufgekreuzt war.

STI(E)LGEMEINSCHAFT

Nackte Mauern und Schachbrettboden sind ideale Partner fürs leuchtende Blumensortiment. Die Retro-Werkstattleuchte strahlt mit LEDs: Blüten vertragen keine Wärme.

ROMANTISCHER BLÜTENKRANZ

DAS BRAUCHST DU:

- Filigrane Blüten, aber auch Gehölze wie Olivenzweige oder Eukalyptus (wir haben Rittersporn, Kerbel, Sterndolden und Flockenblumenknospen verwendet)
- Messer
- Wickeldraht
- ummantelten Rebdraht (vom Fachhandel)
- Rosenschere

UND SO MACHST DU ES NACH:

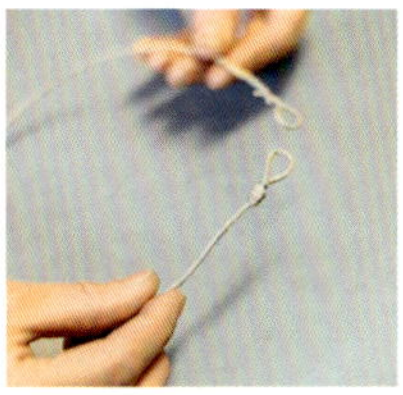

STEP 1:

Mit dem Rebdraht den Kopfumfang nehmen und beide Enden zu kleinen Schlaufen biegen. Blüten auf die Länge von 5–7 cm zuschneiden.

STEP 2:

Blüten nach und nach von links anlegen und mit zwei Umdrehungen den Basteldraht vorsichtig festbinden. Dabei die Köpfe abwechselnd in verschiedene Richtungen zeigen lassen.

STEP 3:

Der schöne Abschluss: Die letzte Blüte entgegengesetzt anlegen und mit Draht umwickeln.

Den Kranz mit Haarnadeln am Kopf feststecken oder mit einem Band schließen, das durch die Schlaufen im Rebdraht gezogen wird.

NICHTS ALS DIE KLARHEIT

Stein, Holz und leise Töne: Nina achtet überall auf wertige Materialien. Eine dicke Holzscheibe trägt die Visitenkarten, die Metallregale sind mit Marmorplatten beschwert.

Bevor ich einzog, wurde das ganze Haus, ein Altbau, saniert. Davon profitierte ich extrem. Zusammen mit dem Architekten durfte ich die Farbe für Boden und Wände aussuchen und konnte beim Einzug gleich mit dem schönen Teil beginnen, der Inneneinrichtung. Mein Mann, mein Bruder, mein Vater und ein befreundeter Schreiner: Zusammen haben wir den Tresen gebaut, die Regale gestaltet, den hinteren Teil des Ladens mit einer großen Arbeitsplatte zum Blumenbinden bestückt. Ich mag alles möglichst zurückhaltend, auch die Accessoires. Schließlich spielt hier die Natur die Hauptrolle. Kulturpflanzen wie Orchideen oder Gerbera kommen mir nicht ins Haus, Äquatorrosen gibt es bei mir nur Fair Trade. Ansonsten versuche ich, kleine Gärtner aus der Region zu unterstützen.

Ich mag besonders den Morgen. Da stelle ich Lavendel, Funkien, Gräser und Buschmalven vor die Tür, dazu die Zinktöpfe und Bastkörbe. Wenn alles schön dekoriert ist, bleibt Zeit für einen kurzen Kaffee – und den Blick auf meinen Laden. Und mir gefällt, was ich da sehe, das ist alles mein Stil. Erfolgreich sein, das hat für mich erstmal nichts mit viel Geld zu tun. Sondern damit, dass mich meine Arbeit glücklich macht."

3 FLORISTINNEN-TIPPS: SO BLEIBEN DEINE SCHNITT-BLUMEN LANGE FRISCH

- **Cool bleiben.** Pack einzelne Blumen in eine Plastiktüte und leg sie über Nacht ins obere Fach des Kühlschranks oder auf den kühlen, aber nicht frostigen Balkon.
- **Gut abgeschnitten.** Je länger, desto besser. Verwende für den Anschnitt ein scharfes Gemüse- oder Schnitzmesser (mein Favorit: Opinel). Mit einer Schere drückt man den Stiel nur zusammen, die Blume kann dann schlechter Wasser ziehen.
- **Sauber machen.** Trinkst du gern abgestandenes Wasser? Eben. Wechsle es täglich und spül dabei auch gleich die Vase aus.

NINAS LIEBLINGSBLOGS

- 23qmstil.de
- craftifair.com
- thisisjaneweyne.tumblr.com

Durchblick: *Glasbehälter fangen das Licht ein und wirken als Vasen besonders klar und reduziert. Kleiner Nachteil: das Wasser muss oft erneuert werden.*

Stadtgarten: *Während der Öffnungszeiten ziehen Gräser, Akeleien und Kapuzinerkresse Bienen und Blicke an. Nach Ladenschluss verschwindet wieder alles im kühlen Keller.*

„ICH WILL MEINEN EIGENEN STIL VERWIRKLICHEN. UND ÜBERHAUPT IN MEINEN ENTSCHEIDUNGEN FREI SEIN."

LINSENSALAT

DIESES REZEPT FINDEST DU AUF SEITE 186

ECHT LIEBENSWERT

DAGMAR GAUGER, 51 JAHRE

GRABENSTRASSE 1
72116 MÖSSINGEN
ECHT-LIEBENSWERT.DE

DI–FR 9.30–12.30, 14.30–18.30 UHR,
SA 9.30–12.30 UHR

SCHWEDEN FÜR JEDEN

Dagmar Gaugers Mann behauptet, der Storch habe sie über dem falschen Land abgeworfen. Tatsächlich fühlt man sich in dem Laden für skandinavische Wohn-accessoires im Württembergischen Mössingen wie auf Kurzurlaub im hellen Norden. Dagmar serviert hier viel Nostalgie. Aber auch jede Menge Lebenserfahrung.

Marktszene: *In der Mitte des Verkaufsraumes baute Dagmar eine Insel aus Eisenbett, Holzkisten und Paravent auf. Trotz der Flut an Accessoires wirkt alles stimmig, weil sich die Produkte in einer Farbwelt bewegen.*

.... „Begonnen hat alles im Keller. Ein früheres Kinderzimmer einer unserer Söhne stand leer und brachte mich auf die Idee für einen Laden von Zuhause aus. Vorher hatte ich diverse Accessoires wie selbstgenähte Kissen, Stoffherzen, Tischläufer und saisonale Dekorationen auf Kunsthandwerksmärkten in der Umgebung verkauft und wurde immer wieder nach einem eigenen Laden gefragt. Ich behielt meinen Teilzeitjob in einer Klinik und fing ganz klein an, mit zwei Tagen pro Woche. Der Rest gehörte der Familie. Es ist wichtig, seinen Weg Schritt für Schritt zu gehen. Sich zu entfalten, braucht Zeit. Bei mir dauerte das ein paar Jahre. Unsere drei Jungs wurden selbstständiger, da hatte ich Zeit, mich mehr meiner Kreativität zu widmen und meinem Traum ein Stück näher zu kommen. Ich wollte jetzt vom Keller ‚raus ans Licht', wollte präsenter werden – und vor allem eine zentralere Lage für den Laden.

Meine Erfahrung: Wer aktiv wird, immer am Ball bleibt und mit den Leuten spricht, erreicht schließlich alles, was er möchte. Den Laden in Mössingen hatte ich schon lang im Auge, früher war dort ein dunkler, unscheinbarer Elektroladen untergebracht. Aber die Lage gefiel mir, und die Größe schien perfekt. Also quatschte ich den Mieter an: ‚Sollten Sie irgendwann ausziehen, geben Sie mir bitte Bescheid.' Zweieinhalb Jahre habe ich gewartet, dann zog er aus. Meine Männer rückten an, und wir verwandelten den uncharmanten Raum mit viel Eigenleistung in ein skandinavisch helles, sommerliches, nordisches Cottage. Wir sind alle fünf handwerklich geschickt, anders wären die Kosten auch gar nicht zu stemmen gewesen. Unser ‚Kulissenbau' dauerte genau einen Sommerurlaub lang: robustes Laminat für den Boden und eine tiefe Theke mit viel Platz zum Verpacken, denn ich führe ja auch einen Onlineshop. Wir strukturierten die Fläche neu, zogen Holzwände hoch und setzten uralte Fenster ein, die ich in einem Abrisshaus hier im Ort entdeckt hatte. Ich stelle heute nur noch wenig selbst her, sondern suche mir meine Ware auf Messen im In- und Ausland zusammen. Mein Rezept: viel Nostalgie, viele helle Farben wie verschiedene Weiß- und Grau-Nuancen und Naturtöne, dazu etwas Schwarz und keine Massenware.

Die ersten vier Jahre führte ich in einem Teil des Ladens zusätzlich ein kleines Café mit drei Tischen. Ich stamme aus einer Bäcker-

BASISARBEIT

Natürlich hätte Dagmar lieber Holzdielen gehabt und sie weiß lackiert – typisch Schweden eben. Dann fand sie den günstigeren und robusten Laminatboden, den ihre Söhne verlegten.

GIB STOFF!

Früher servierte Dagmar im hinteren Teil des Ladens selbst gebackenen Kuchen. Heute macht sie es sich leichter: die romantische Modekollektion verkauft sich gut und schmückt das Geschäft – natürlich in Pastelltönen.

SO WIRD DEINE WOHNUNG „HYGGELIG"*

- **Boden gutmachen I.** Die stilvolle Basis für den nordischen Stil: weiß gestrichene und teils abgeschliffene Holzdielen oder gegossene Betonböden.
- **Boden gutmachen II.** Robuste Baumwollteppiche für Küche und Bad dienen als Spritzschutz und lassen sich prima waschen.
- **Farbe rausziehen.** In Skandinavien werden alte Möbelstücke restauriert und weiß gestrichen. Setze Farbakzente mit Kissen, Teppichen oder Keramik in Naturnuancen, Grautönen oder in Schwarz. Das Ganze funktioniert auch andersrum: schwarze, antike Möbel und Accessoires in Weiß, Natur oder Grau. Das wirkt elegant, frisch und aufgeräumt.
- **Zweckentfremden.** Alte, an die Wand gelehnte Fensterläden und Türelemente sind eine prima Dekorationsfläche für Kränze aus Schleierkraut oder Bilderrahmen mit Schwarzweißfotos.
- **Nester bauen.** Besorge dir fürs Winterhalbjahr ein paar Schaffelle (oder pflegeleichte Kunstfelle), die du über Stühle, auf Bänke und übers Sofa wirfst.
- **Feuer entfachen.** Es ist herrlich, im Winter durch ein skandinavisches Dorf zu wandern: In fast jedem Fenster stehen Lampen oder Kerzen. Windlichter kann man nie genug haben.

*hyggelig: norwegisch/dänisch für gemütlich, angenehm

STIMMUNGSVOLLES STILLLEBEN FÜR TISCH ODER FENSTERBANK

DAS BRAUCHST DU:

Für den Kranz:

- ➳ *Kleiner Strohkranzrohling*
- ➳ *Schleierkraut*
- ➳ *Basteldraht*

Fürs Windlicht:

- ➳ *Weckglas*
- ➳ *Etwas Spitzenborte*
- ➳ *Tortendeckchen*
- ➳ *Altes Schwarzweißfoto*
- ➳ *Gardinenklammer (vom Raumausstatter)*
- ➳ *Dekosteinchen (aus dem Baumarkt)*
- ➳ *Teelicht*

Außerdem:

- ➳ *Gardinenschal aus Tüll (z.B. von Ikea)*
- ➳ *Altes Buch (vom Antiquariat)*
- ➳ *Eine Gips- oder Steinbüste (vom Flohmarkt)*

UND SO MACHST DU ES NACH:

STEP 1:
Schleierkraut Zweig für Zweig mit Basteldraht um den Kranzrohling wickeln.

STEP 2:
Spitzenborte um den oberen Rand des Weckglases kleben.

STEP 3:
Schwarzweißfoto auf das Tortendeckchen kleben, mit Gardinenklammer am Glasrand befestigen. Dekosteinchen ins Glas füllen, Teelicht hineinsetzen.

Tipp: Statt des Strohkranzrohlings eignet sich auch ein selbst gewundener Kranz aus Clematis- oder Efeuranken.

Durchblick: *Echt Vintage! Dagmars Mann setzte in die selbst gebaute Trennwand Holzfenster aus einem Abbruchhaus in Mössingen ein.*

familie und bin gern Gastgeberin, da lag die Idee nahe, vor allem aber auch, weil mir diese Kombination in Skandinavien immer so gut gefallen hat. Es lief auch sehr gut, bis ich merkte, dass mir diese Doppelbelastung nicht guttat. Ich wurstelte bis abends im Laden, nach Geschäftsschluss begann ich, für den nächsten Tag zu backen. Es dauerte Monate, bis ich die Idee loslassen konnte. Wie gesagt: Entwicklung braucht Zeit. Als ich die Caféeinrichtung verkaufte, kam ein etwa zwölfjähriges Mädchen auf mich zu. Es war regelmäßig mit seiner Mutter ins Café gekommen. Unter Tränen fragte sie, ob sie das Kissen, auf dem sie immer gesessen hatte, als Erinnerung mit nach Hause nehmen dürfe. Das hat mich sehr berührt. Und gleichzeitig war ich so stolz: dass ich mit meiner Art, einen Lebensstil zu verkaufen, eine so tiefe Bindung bewirkt hatte. Ich sehe immer wieder, dass ich meinen Job gut mache. Und das ist ein viel größerer Gewinn als ein Haufen Geld."

NORDSEEWELLE

DIESES REZEPT FINDEST DU AUF SEITE 190

ZAUNGÄSTE

Tagsüber wächst Dagmars Welt die Stufen hinunter und ein Stück auf den Gehweg hinaus. Die Fensterläden stammen aus der Tübinger Frauenklinik und wären fast auf dem Müll gelandet.

Hängepartie: *Die funktionale Zimmerdecke ist Dagmar ein Dorn im Auge. Deshalb kaschiert sie die abgehängten Platten einfach mit Deko: Hier lenkt ein Metallkranz mit zarten Girlanden und Windlichtern den Blick nach unten.*

Alter Schwede! *Mit hellen Tönen und vielen Lichtinseln schafft Dagmar frische Behaglichkeit. Die Regale, Eisenbänke und Küchenbüfetts dienen nicht nur als Lagerfläche – man kann sie vom Fleck weg kaufen.*

„MEIN ERFOLGSREZEPT: BRENNE FÜR DAS, WAS DU VERKAUFST! DER KUNDE SPÜRT SOFORT, WENN DU NUR MIT HALBEM HERZEN DABEI BIST.“

69M²

ALEXA MÜLLER

47 JAHRE

LINDENSTRASSE 186
40233 DÜSSELDORF
69M2.DE

DI–FR 10–19 UHR,
SA 11–15 UHR

WUNDER-
KAMMERN

Wo sie ist, strahlt alles ein bisschen heller. Das liegt nicht nur an den Leuchtbuchstaben, für die Alexa Müllers Herz schlägt. Sondern vor allem an der Leidenschaft, mit der sie alte Möbel neu in Szene setzt. Dazu mischt sie aktuelles Design aus umweltschonender Herstellung, Accessoires, Kindermode – und eine inspirierte Wohnberatung.

***Deko-Notstand:** Alexa verändert fast mit jedem verkauften Möbelstück das Outfit des Ladens. Die Schaufenster dekoriert sie jede Woche um: „So gibt es für die Kunden immer wieder etwas Neues zu entdecken."*

.... „Pflanzencenter Birkhof. Insgesamt 63 Leuchtbuchstaben. Und für mich ein Sechser im Lotto. Jahrelang war ich an dem leerstehenden Gebäude vorbeigefahren. Jetzt stand fest, dass das Gartencenter in Düsseldorf abgerissen wird. Also rief ich an, kurz bevor die Abrissfirma kam. Bei -5°C und Schneetreiben haben wir die Buchstaben damals abgeschraubt. Die Liebe zu gebrauchten Gegenständen begleitet mich schon mein Leben lang. Harte Arbeit hat mich dabei nie abgeschreckt. Als Auszubildende fuhr ich den Sperrmüll ab und stellte mich dann auf den Trödel, um mir den Urlaub zu finanzieren. Heute helfe ich meinem Angestellten im Hof und schrubbe verölte Werkstattwägen. Vor ein paar Jahren habe ich im Keller einer abbruchreifen Turnhalle in Essen die Industrielampen abgeschraubt, mit der Taschenlampe im Mund, der Strom war ja längst abgestellt. Manchmal braucht man sogar einen Steiger, um an die Leuchtreklamen an den Hauswänden heranzukommen. Natürlich montiere ich nicht in ganz Düsseldorf Buchstaben ab, ich will ja, dass das Stadtbild erhalten bleibt. Doch wenn man nicht aufpasst, wandern ganz viele Juwelen einfach in den Müll. Mir liegt daran, dass uns Dinge lange begleiten.

Der Erfolg meines Ladens steht und fällt mit meinem Netzwerk. Ich habe es mir über Jahrzehnte aufgebaut. Dann klingelt das Telefon, und jemand erzählt mir, dass die Mutter der Freundin eines Freundes in einer alten Polsterei arbeitet, die bald schließt. Die Firmen wundern sich, dass ich Interesse an ihrem verrosteten Zeug habe. Für sie hat es ja nur Schrottwert. 2003 hat alles angefangen. Mein erster Laden war hier im Hinterhof, ohne eigene Eingangstür. Dort designte ich unter dem Label ‚Das Krönchen' Taschen-Unikate, die aus recycelten Stoffen von mir genäht wurden. Die Kundinnen sagten, sie fühlten sich wie im Märchen: Man musste den Weg in mein 18-Quadratmeter-Reich erst finden. Als ich dann mit meinen Taschen in den größeren Laden nach vorne zog, nahm ich meine Kundinnen mit. Doch der Umsatz stagnierte, irgendwie musste mir etwas Neues einfallen. Also stellte ich zwei Stuhlklassiker vom Flohmarkt ins Schaufenster. Und plötzlich kamen auch Männer herein.

Jetzt war ich also Möbelhändlerin. Der Laden hier war vorher ein Orthopädiegeschäft – mit abgehängten Decken, die Türrahmen voller Nägel, der Boden mit Teppich verklebt, alles stock-

SCHÖNHEITSKUR

Als Alexa einzog, war der Laden völlig heruntergekommen. Nach drei Monaten Renovierung hatte sie einen Schatz aufgetan: hohe Decken mit schlichtem Stuck, Terrazzoboden im vorderen Ladenlokal und alte Holzdielen in den hinteren Räumen. Die Wände blieben größtenteils roh verputzt. Alexas Motto: Altes bewahren anstatt überladen zu renovieren.

BUCHSTABEN BELEUCHTEN

DAS BRAUCHST DU:

- *Einen alten Leuchtbuchstaben (vom Flohmarkt oder über Ebay)*
- *Selbstklebendes LED-Band (aus dem Baumarkt)*
- *Schraubenzieher*

UND SO MACHST DU ES NACH:

STEP 1:
Schraube den Leuchtbuchstaben auf und putze ihn sorgfältig. Wichtig: Das Innere des Gehäuses muss fettfrei sein.

STEP 2:
Drücke das selbstklebende LED-Band Stück für Stück auf dem Buchstaben fest. Beschränke dich dabei auf das untere Drittel des Leuchtbuchstabens, damit die Umrisse des Bands nachher nicht zu sehen sind.

STEP 3:
Führe den Stecker durch die Öffnung in der Rückseite des Buchstabens und verbinde ihn mit dem Stromkabel.
Setze den Deckel wieder auf den Buchstaben und verschraube ihn mit dem Gehäuse.

„IN DIESEM LADEN STECKT MEIN GANZES HERZBLUT, MEINE LEIDENSCHAFT FÜR DEKORATIONEN, FARBEN UND INDIVIDUELLES LEBEN. DER LADEN, DAS BIN ZU HUNDERT PROZENT ICH."

Kölner Schaubühne: *Alexas altes Stofflager ist heute „Setzkasten" für Design-Delikatessen. Der Korpus ist ein Kleiderschrank, Türen und Rückwände sind aus gefärbten MDF-Platten vom Schreiner.*

ALEXAS TOP-3-INSPIRATIONSBLOGS

- houzz.de
- kraut-kopf.de
- bastisrike.de

dunkel. Teils auf Knien und mit dem Heißluftfön habe ich die ursprüngliche Substanz wieder freigelegt, insgesamt drei Monate lang. Im Eingangsbereich kam ein wunderschöner Terrazzoboden zum Vorschein. Auch das: gelebte Geschichte. Ich liebe es, etwas mit den Händen anzupacken. Das liegt mir einfach. Mein Vater scherzte zuweilen, ich hätte Maurer werden sollen.

Die Leute, die hier in den Laden kommen, betreten nur ganz vorsichtig die hinteren Zimmer, weil sie denken, dass hier wirklich jemand wohnt. Es gibt eine funktionierende Küche, Kinderzimmer und einen Wohnraum mit Sofa und XXL-Setzkastenregal. Da zeige ich, wie man mit alten Möbeln zeitgemäß leben kann. Manchmal vermiete ich die Küche für Dinnerpartys: Ein Koch verkauft übers Internet Tickets für ein Menü, das hier zubereitet und gegessen wird. Eine super Möglichkeit, den Laden und sein Konzept im Gespräch zu halten.

Das Wichtigste am Selbstständigsein? Authentisch bleiben. Ich vergesse die Zeit, wenn ich Dinge arrangiere. Ich bin eine furchtbare Perfektionistin. Eine Kommode, eine Kiste und eine alte Leuchte zu einem Stillleben zusammenzustellen, sodass alles homogen aussieht, das ist Kunst. Manchmal kommen Leute in den Laden und sagen sofort: ‚Ich will genau dieses Arrangement.' Das macht mich stolz und ist mir die viele Arbeit wert.

Ich bin eine Lebenswandlerin. Es gab auch Zeiten, in denen ich kaum Geld hatte. Da fing mich mein Lebenspartner auf, er führt einen Plattenladen hier um die Ecke. Wir helfen uns gegenseitig, seit 17 Jahren, das zählt. Ich war die meiste Zeit meines Unternehmerinnenlebens eine One-Woman-Show. Ende 2012 habe ich Babette Andrees ins Boot geholt. Sie ist Architektin, zusammen bieten wir Wohnraumberatung an. Sie plant die Zimmer, ich statte sie mit meinen Fundstücken aus. Die Projekte werden natürlich immer einzigartig, genau wie die gelebten Möbel darin. So haben wir schon einige Apartments und den Tagungsraum eines Hotels mit Leuchtbuchstaben ausgestattet. Etwas gestalten zu können, macht mich glücklich. Ich habe in meinem Leben viel ausprobiert, und eigentlich bin ich erst jetzt richtig angekommen."

Cafe

Tee
Mehl
Tältlyktor
Får ej vältas

OURTHE
ET AISNE

Handverlesene Köstlichkeiten: *Vom dänischen Lakritz bis zum Honig aus Düsseldorf – Alexa achtet auch bei den Lebensmitteln im Sortiment auf Nachhaltigkeit.*

MÖBLE DEINE WOHNUNG AUF

- **Kontraste schaffen Spannung.** Streiche eine Wand in deiner Lieblingsfarbe und setze Akzente mit Möbeln und Accessoires in einer Farbwelt aus zwei bis maximal drei Farben. Das ist frech – und strahlt gleichzeitig eine gewisse Ruhe aus.

- **Beleuchte den Raum** statt mit einer großen Deckenlampe lieber mit mehreren kleineren Lichtquellen. Das gliedert den Raum in helle und dunklere Bereiche. Effekt: Behaglichkeit.

- **Weniger ist mehr.** Du liebst Nippes? Wer nicht? Schaff dir eine Bühne für Lieblingsstücke und setze sie in Szene. Zum Beispiel auf einem Sideboard oder in einem Regal. Zeig nicht alles gleichzeitig, sondern dekoriere immer wieder mal neu, wenn dir danach ist. Der Rest wartet im Schrank oder in der Schublade auf seinen Auftritt. Infos: designmarket.be

BANKGEHEIMNIS

Alexas Lieblingsritual: morgens mit einer Tasse Kaffee vor dem Laden sitzen. Unter den Schaufenstern stehen Bänke aus der Umkleide einer inzwischen abgerissenen Turnhalle.

FRAU HANSEN

NICOLE HANSEN

34 JAHRE

OSTERSTRASSE 170
20255 HAMBURG
FRAU-HANSEN.DE

MO–SA 10–19 UHR

DR. MARCELLA PRIOR-CALLWEY
VERLEGERIN
MARCELLA@CALLWEY.DE

CALLWEY

Herzlich Willkommen
bei den Shop Girls,

bei 28 mutigen, charmanten Frauen, die ihren Traum vom eigenen Laden verwirklicht haben – und uns ihre Geschichte erzählen von Rückschlägen, von Schwierigkeiten, aber auch von wunderbaren Begegnungen und dem Gefühl endlich das zu machen, was einen erfüllt.

Diese Geschichten, Ideen, Tipps, Do-it-yourself-Projekte und Rezepte haben die Autorinnen in persönlichen Porträts für uns aufgezeichnet.

Ich wünsche Ihnen viel Freude damit!

Ihre
Marcella Prior-Callwey

CALLWEY

Unsere
Neuheiten

GARTEN | WOHNEN & LEBEN | KOCHEN

Die schönsten GARTENTOUREN in Deutchland

UND DIE BESTEN GEHEIMTIPPS

Klaus Bender / Manfred Lucenz /
Elke Gräfin von Pückler / Sabine von Süsskind /
Victoria Wegner
ROMANTISCHE GARTENREISEN IN DEUTSCHLAND
224 Seiten, ca. 200 Farbfotos
Gebunden mit Schutzumschlag
€ 39,95
ISBN 978-3-7667-2264-5

In neun Gartentouren zu den schönsten Gärten Deutschlands! Deutschland hat in Sachen Gartengestaltung viel zu bieten: Versierte Gartenexperten und -liebhaber schicken sich an, ihre Ideen und Visionen in ihren Gärten umzusetzen und diese anderen Gartenfreunden zugänglich zu machen. Besucht werden Klassiker der Gartenkunst, aber auch kleine Geheimtipps, die so noch wenig bekannt sind. Ein Muss für jeden Gartenreisenden!

BEREITS ERSCHIENEN IN 2. AUFLAGE

ISBN 978-3-7667-2202-7

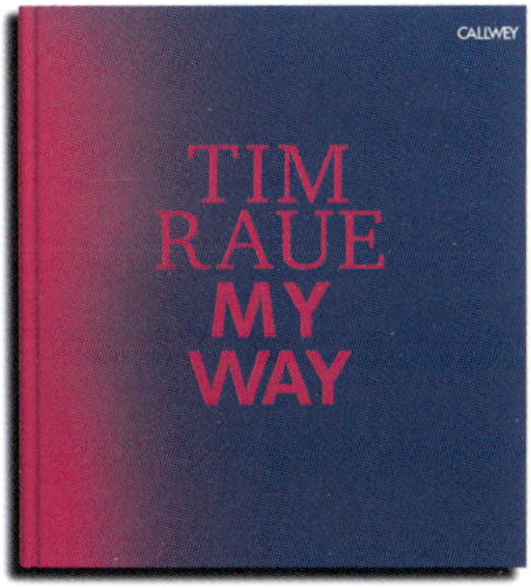

Tim Raue
MY WAY
288 Seiten, ca. 180 Farbfotos
Gebunden mit Sonderausstattung
€ 49,95
ISBN 978-3-7667-2265-2

Küchenstar Tim Raue zählt mit seinem Berliner Restaurant zu den *The World´s 50 Best Restaurants*, auf der er als bester Deutscher Platz 34 belegt. Mit seinem neuesten Callwey Buch stellt er seine Klasse in der asiatischen Küche unter Beweis. In einem ausführlichen biografischen Teil nimmt Tim Raue die Leser mit auf seine Lebensreise, erzählt davon, wie er wurde, was er ist und gewährt dabei Einblicke in das private Fotoalbum. Zum anderen entführt der Küchenchef seine Fans auf eine Reise durch das kulinarische Singapur und verrät die Quellen seiner Inspiration. Als Highlight präsentiert er über 70 seiner besten Rezepte und die wichtigsten Grundrezepte. So ist *MY WAY* sein bisher persönlichstes Kochbuch, eine einzigartige Kombination!

ENGLISCHE AUSGABE

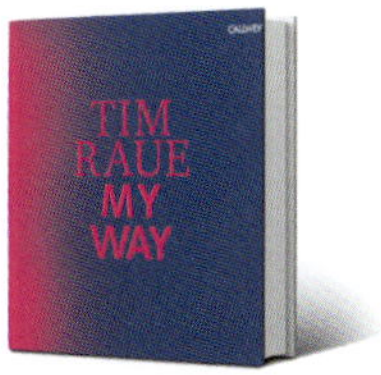

€ [D] 49,95
ISBN 978-3-7667-2271-3

AUCH ERHÄLTLICH: LIMITIERTE SONDERAUSGABE

€ [D] 65,00
ISBN 978-3-7667-2272-0

Caroline Clifton-Mogg / Joanna Simmons /
Rebecca Tanqueray / Rebecca Winward
DAS GROSSE WOHNBUCH
256 Seiten, ca. 700 Farbfotos
Gebunden mit Schutzumschlag
€ 39,95
ISBN 978-3-7667-2260-7

Dieses Wohnbuch liefert die Antworten auf alle Gestaltungsfragen für das eigene Zuhause: Raum für Raum führt es in die Kunst der optimalen Raumgestaltung ein, erklärt verschiedene Stilrichtungen und macht Mut zu gekonnten Stilbrüchen. In über 1.000 Ideen begleitet der Wohnratgeber den Leser auf seinem Weg zum persönlichen Einrichtungsstil.

Marlene Sørensen
STILVOLL
176 Seiten, ca. 150 Farbfotos
Gebunden mit besticktem Schutzumschlag, 3 Farbvarianten
€ 29,95
ISBN 978-3-7667-2219-5

Autorin Marlene Sørensen zeigt welche Kleidungsstücke Frau unbedingt im Kleiderschrank haben sollte und was man wann am besten trägt und wie am vorteilhaftesten kombiniert und hat hierzu eine ganze Reihe der angesagtesten deutschen Fashionistas vors Mikro und die Kamera geholt: Neben persönlichen Empfehlungen von Model und Moderatorin Eva Padberg, Sängerin Joy Denalane oder Schauspielerin Hannah Herzsprung bietet *Stilvoll* praktische 5-Minuten-Lösungen für den Notfall, gibt Ideen für jedes Budget und nennt die besten Hersteller. Einfach unverzichtbar für alle, die Inspirationen von Frauen schätzen, die Mode lieben.

Hannah Herzsprung

DAS STYLE-MANUAL

Die 5-Minuten-Lösung

Risa Nagahama / Joerg Lehmann
EASY PEASY
160 Seiten, ca. 150 Farbfotos
Gebunden
€ 20,00
ISBN 978-3-7667-2269-0

Meistens sind es die einfachen Dinge, die am besten schmecken. Risa Nagahama verbindet japanische, französische und deutsche Einflüsse zu einer verblüffend einfachen, köstlichen und sehr bekömmlichen Küche. Der Clou dabei: die Rezepte sind innerhalb weniger Minuten für jeden Kochanfänger kinderleicht nachzukochen und es werden nicht mehr als 7 Zutaten benötigt.

Annelina Waller
BUDDHA BOWLS
160 Seiten, ca. 150 Farbfotos
Gebunden
€ 20,00
ISBN 978-3-7667-2266-9

Der Trend aus Kalifornien ist gerade dabei, die Welt zu erobern. Die Komponenten stehen für sich, nichts ist verkocht, gehackt oder vermischt. In 50 Rezepten für Frühstück, Mittagessen, Zwischenmahlzeiten und einem nahrhaften Abendessen zeigt die Autorin, wie einfach, schnell und gesund man Buddha Bowls zubereitet und wie man sie unkompliziert in den Ernährungsplan integrieren kann.

Johann Lafer / Horst Lichter
UNSERE LIEBLINGSREZEPTE
192 Seiten, ca. 120 Farbfotos
Gebunden
€ 19,95
ISBN 978-3-7667-2256-0

Zum zehnjährigen Sendungsjubiläum vereint der Titel die 100 Lieblingsrezepte aller Staffeln der letzten 10 Jahre. In einer einmaligen Zusammenstellung präsentieren die beiden Köche ihre besten Rezepte und kommentieren gewohnt humorvoll die des anderen. Von Vorspeisen bis zu Desserts – hier dürften alle Lafer- und Lichter-Fans fündig werden.

Tina Schneider-Rading / Ulrike Schacht
SHOP GIRLS
192 Seiten, über 200 Farbfotos
Gebunden mit Sonderausstattung
€ 29,95
ISBN 978-3-7667-2254-6

Shop-Guide, DIY-Fibel und Gründer-Ratgeber in Einem! Ob Feinkost, Kinder-Accessoires, vegane oder Burlesque Mode oder der eigene Blumenladen: 28 Frauen haben sich ihren Traum von der Selbständigkeit erfüllt und erfolgreich ihre eigene Existenz gegründet. In *Shop Girls* besuchte das Autorenteam die Unternehmensgründerinnen, fotografierte ihren wahrgewordenen Traum und entlockte ihnen in unterhaltsamen Gesprächen die Geheimnisse ihres Erfolgs. In praktischen DIY-Tipps stellen die Shop Girls ihre Einrichtung vor und verraten ihre besten Rezepte. Der Service-Teil bietet Existenzgründungstipps, Tricks zur optimalen Schaufensteraufmachung und ein Existenzcoach deutet aus psychologischer Sicht den Wunsch nach der beruflichen Selbstständigkeit. Ein Buch, das Mut macht, endlich seine Träume zu verwirklichen!

BEREITS ERSCHIENEN IN 4. AUFLAGE

ISBN 978-3-7667-2211-9

Unsere Bestseller

Hubertus Tzschirner / Nicolas Lecloux /
Dr. Thomas Vilgis / Nils Jorra / Daniel Esswein
BURGER UNSER
288 Seiten, ca. 150 Farbfotos
Gebunden mit Sonderausstattung,
Leseband
€ 39,95
ISBN 978-3-7667-2201-0

7. AUFLAGE ERSCHIENEN

Burger sind in aller Munde – und das im wahrsten Sinne des Wortes. *Burger Unser* setzt neue Maßstäbe. 288 Seiten lustvolles Burger-Wissen mit 70 spektakulären Burger-Rezepten und den besten Beilagen – natürlich self-made – werden neben den Grundlagen des Burgerbratens vorgestellt. Erprobte Techniken und Hintergründe zu jedem einzelnen Bestandteil eines Burgers werden erklärt und gezeigt. Ein Must-have für jeden Burger-Liebhaber!

Csaba dalla Zorza
TOSKANA
416 Seiten, über 300 Farbfotos
Gebunden mit Leinen
€ 39,95
ISBN 978-3-7667-2234-8

Die Toskana ist wohl eines der beliebtesten Reiseziele Italiens – hierher fährt man nicht nur einmal, sondern immer wieder! Die toskanische Küche gilt als eher schlicht, die durch den Einsatz hochwertiger Zutaten höchsten Genuss verspricht. So wie dieses Buch: Neben authentischen, traditionellen Rezepten erzählt es Geschichten rund um Florenz und die Familie der Autorin Csaba dalla Zorza, eine der erfolgreichsten Kochbuchautorinnen, Foodbloggerinnen und Lifestyleexpertinnen Italiens. Opulent fotografiert vermittelt *Toskana* das traditionelle toskanische Lebensgefühl – eine kulinarische Liebeserklärung!

Das komplette lieferbare Programm finden Sie in Ihrer Buchhandlung oder unter www.callwey.de.

Callwey Verlag Streitfeldstraße 35 D-81673 München
Tel: 089 / 43 60 05 - 0 buch@callwey.de

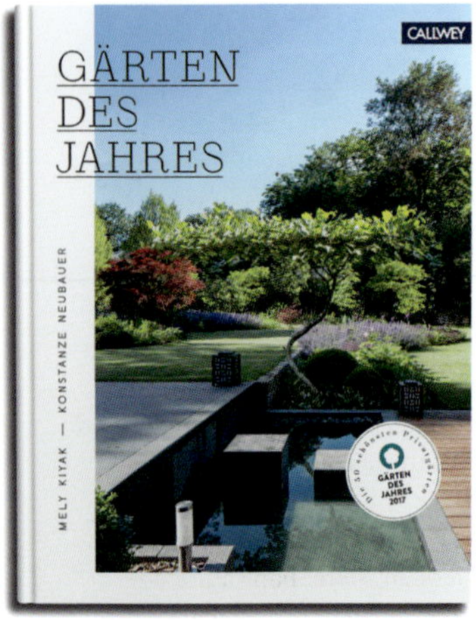

Mely Kiyak / Konstanze Neubauer

GÄRTEN DES JAHRES

272 Seiten, ca. 400 Farbfotos und Pläne
Gebunden mit Schutzumschlag
€ 59,95
ISBN 978-3-7667-2252-2

Einen einzigartigen Überblick über die schönsten Privatgärten der besten Gartenplaner bietet die Dokumentation zum Wettbewerb *Gärten des Jahres 2017*. Detaillierte Angaben zu Besonderheiten des Grundstücks, des Konzepts, der verwendeten Materialien und der Auswahl der Pflanzen runden die 50 Gartenporträts ab. Ein unverzichtbares Werk für alle Gartenplaner und Gartenbesitzer!

Martina Meidinger / Evi Pelzer

TRAUMHAFTE LANDGÄRTEN DURCH DIE JAHRESZEITEN

176 Seiten, ca. 200 Farbfotos
Gebunden mit Schutzumschlag
€ 39,95
ISBN 978-3-7667-2253-9

Vorgestellt werden unterschiedliche Gartenstile von natürlich über verspielt und romantisch bis hin zu eleganten Gärten. Für ein möglichst vielfältiges Bild wird jede Jahreszeit zu mehreren Terminen gezeigt. Richtschnur hierfür ist der sogenannte phänologische Kalender, der das Jahr in zehn Phasen teilt und sich an charakteristischen Entwicklungsstadien typischer Pflanzen orientiert. Die Schönheit ländlicher Gärten im Jahresverlauf!

Deutsche Gesellschaft für Gartenkunst
und Landschaftskultur e. V. (Hrsg.)
Ronald Clark / Christina Freiberg

GARTENREISEFÜHRER DEUTSCHLAND

608 Seiten, ca. 900 Farbfotos
Flexcover
€ 29,95
ISBN 978-3-7667-2200-3

Vollständig überarbeitet und aktualisiert beeindruckt das Standardwerk der Gartenliteratur mit einer umfassenden Liste sehenswerter Parks, Schlossgärten und offenen Privatgärten in Deutschland. Praktische Angaben zu Öffnungszeiten, Führungen, Eintrittspreisen etc. komplettieren den Band und machen ihn zu einem unverzichtbaren Reisebegleiter für alle Gartenliebhaber!

HAMBURGER PERLE

Als ausgebildete Werbekauffrau weiß Nicole, wie man Kunden lockt. Feines Trendgespür und Enthusiasmus fürs Dekorieren lernt man allerdings auf keiner Schule. Im Hamburger Viertel Eimsbüttel hält sie mit „frau hansen" seit drei Jahren das Steuer in der Hand. Ihre Navigation: kluges Marketing. Einfach machen. Und erkennen, dass man auch als Kapitänin mal abtauchen muss.

Nicole wird oft auf den grünen Wandton angesprochen. Sie ließ ihn im Heimwerkermarkt Bauhaus mischen, die genaue Farbnummer ist 60.030.

Waschechtes Bühnenbild: *Für die Themenbereiche Küche und Bad reicht es, jeweils eine Wand zu fliesen. Das deutet die Räume zwar nur an, sieht aber sofort stilecht und superedel aus.*

.... „Meinen ersten Kunden habe ich verpasst. Wir hatten die Nacht im Laden durchgearbeitet, um mit allem fertig zu werden. Dann riss ich morgens die Fensterverhüllung ab und fuhr schnell nach Hause, um zu duschen und mich umzuziehen. Ich war so aufgeregt, dass ich im Auto erstmal geheult habe. Vor Erleichterung, aber auch vor Erschöpfung. Diese Müdigkeit begleitet mich seitdem. Ich bin kreativ, spontan – und müde. Kein Wunder, mein Kopf ist fast immer auf Empfang. Das Handy muss in Reichweite sein. Selbst wenn ich an einem Arbeitstag ausschlafen kann – was ich mir inzwischen einmal die Woche gönne –, stelle ich mir den Wecker auf kurz vor zehn. Denn dann öffnet der Laden, und ein Mitarbeiter könnte ja eine Frage haben.

Wenn ich mal wirklich frei habe, plagt mich sofort das schlechte Gewissen. Stehe ich selber im Laden, merke ich um 15 Uhr, dass ich noch nichts gegessen habe – es war einfach keine Zeit, zuzusperren und kurz zum Bäcker zu rennen. Wenn ich mir dann endlich ein belegtes Brötchen gekauft habe, deponiere ich es unter der Ladentheke und esse es zwischendurch im Stehen. Ich arbeite gerade daran, dass sich das ändert.

Dass ich mal einen eigenen Shop eröffnen würde, wussten die Leute in meinem Umfeld schon früher als ich. Die meisten sagten: ‚Das passt zu dir!‘ Ich hatte als Store Managerin in einer Boutique gearbeitet und dort Erfahrungen gesammelt. Um ein geeignetes Geschäft für mein eigenes Projekt zu finden, legte ich ein Suchprofil auf einer Immobilienseite an. Dieser Laden hier war der Erste, den das Netz ausspuckte. Und er blieb der Einzige, den ich besichtigte. Ich sagte sofort zu. Früher war in diesen Räumen ein Geschenkeladen, allerdings mit einem komplett anderen Sortiment. Ich übernahm das Lampensystem, den Tresen samt Kasse und die Lautsprecheranlage und krempelte innerhalb von acht Wochen alles Übrige um. Das hieß auch, ich hatte nur sehr wenig Zeit, einen Grundstock an Labels zusammenzubekommen. Aber ich hatte schon recherchiert und eine Liste vorbereitet, rief einfach bei den Firmen an und erklärte meinen Plan. Mein Hunger nach schönen Dingen ist authentisch, wahrscheinlich hatte ich deshalb sofort Erfolg. Heute, nach fast drei Jahren, sind alle Hersteller noch mit an Bord. Vor Kurzem machte das Ladenbüro neben uns dicht, und wir konnten erweitern: eine Wand durchbrechen,

SCHNELLE GESCHENKSCHACHTEL

DAS BRAUCHST DU:

- *Pappbecher*
- *Schere*
- *Geschenkband*

UND SO MACHST DU ES NACH:

STEP 1:
Schneide den oberen Falz des Pappbechers rundum ab.

STEP 2:
Schneide den Becherrand von oben nach unten etwa 4 cm tief ein. Wiederhole die Schnitte entlang der Kante in Abständen von ca. 2 cm.

STEP 3:
Biege alle Abschnitte zur Mitte hin um und binde das Geschenkband um den Becher, damit die Schachtel geschlossen bleibt.

Schneller Wechsel: *Nicole dekoriert ihre Schaufenster saisonal oder nach Motto, am liebsten würde sie täglich neue Bilder bauen. Besondere Aktionen markiert sie einfach mit Kreide auf dem Gehweg.*

Kontrastprogramm: *Verkaufstresen und Kasse gehörten zum Inventar des Vormieters. Nicole übernahm erstmal beides und krönte ihren Laden mit Lüstern und freigelegten Stahlträgern.*

SO WIRD DEIN SCHAUFENSTER ZUM KUNDENMAGNETEN: NICOLES TIPPS FÜR DIE EIGENE LADENBÜHNE

- **Beginne erst, wenn du richtig Spaß an der Sache verspürst.** Nichts ist schlimmer als anzufangen und dann auf halber Strecke abzubrechen.

- **Such dir eine aktuelle Farbe oder ein Motto aus.** Kann alles sein, von Badezimmer über Herbst bis Hochzeit.

- **Fang an, Welten zu bauen.** Nutze dafür alle Elemente, die dir zur Verfügung stehen: Schaufensterpuppen, frische Blumen oder ganze Sträucher, Stoffe, Verpackungsmaterial, Partyaccessoires.

  Am Schluss sollte ein stimmiges, gern auch minimalistisches Bild stehen. Beispiel: Letztes Silvester hatte ich meinen Puppen Glitterfummel angezogen und ließ sie in einem Meer aus Konfetti stehen. Fertig.

Das Leben ist eine Baustelle: *Die unverputzte Wand verträgt sich bestens mit dem tapezierten Teil des Kinderzimmers mit Blick ins Grüne.*

„DER KUNDE IST KÖNIG. URALTER SPRUCH, ABER ER STIMMT. MEINE MIT-ARBEITER HABEN INZWISCHEN HANDYVERBOT."

renovieren und mit Wohnzimmer, Küche, Bad und Kinderzimmer Themenbereiche schaffen, in denen man die Produkte findet. Wir haben jetzt auch endlich richtig große Schaufenster. Das ist meine Bühne! Mein Traum ist, dass alles von selbst läuft und ich mich nur noch mit kreativen Dingen beschäftigen darf.

Ich gebe zu, es fällt mir schwer, andere ans Steuer zu lassen. Ich bin stolz darauf, in kürzester Zeit einen Laden geschaffen zu haben, der in ganz Deutschland und darüberhinaus bekannt ist. Aber ich spüre auch, dass es mich anstrengt, permanent alle Bälle allein in der Luft zu halten. Es gibt einen Punkt, da lässt die Kreativität nach und die Motivation ebenso. Im schlechtesten Fall bleibt man stehen und merkt es nicht. Vor diesem Stillstand habe ich Angst. Deshalb schaffe ich mir jetzt konsequent Ausgleich, damit mich der Spaß an der Sache nicht verlässt: ich miete mich für einen Tag in einem Wellnesshotel in der Stadt ein, mache mit meinem Mann einen Kurztrip an die Ostsee. Schlafe aus. Und ich verspreche: Irgendwann lasse ich sogar mein Handy ausgeschaltet."

Hereinspaziert: *Der Eingangsbereich war früher ein dunkles Büro, jetzt ist er Teil von Frau Hansens Wohnwelt.*

LAUTER LIEBLINGSFÄCHER

Wer gleiche Produkte aneinanderreiht, bringt auch auf einem schmalen Regal ordentlich was unter. Lampen und einzelne gerahmte Bilder schaffen Wohnzimmeratmosphäre.

FUCHS & BENTE
FRANZISKA FUCHS
& BENTE OELKERS
BEIDE MITTE 30
GAUSTRASSE 34
55116 MAINZ
FUCHS-BENTE.DE
MO–FR 10–19 UHR,
SA 10–16 UHR

DOPPELSPITZE

An der Tafel überm Tresen leuchtet in weißer Kreide ein simpler Satz: „Lass uns einfach glücklich sein.“ Er drückt aus, was die beiden Frauen antreibt, die darunter hinter ihrem verglasten Ladentisch stehen: einen Concept Store zu führen, der sich wie ein Zuhause anfühlt. Für die Kunden – vor allem aber für sie selbst.

Szenetreff: In den letzten Jahren hat sich in der Mainzer Gaustraße mit Cafés und Bistros, Kinderläden und kleinen Boutiquen ein eigenes Biotop entwickelt. Damit die Kunden nicht den Überblick verlieren, hat Franziska einen charmanten Wegweiser mit wechselnden Sprüchen gestaltet. Vor dem Schreiben feuchtet sie die Tafelkreide an, das bringt die Schrift zum Leuchten.

„Dieses leere Geschäft mit den großen, dunklen Fensterfronten und der blau gefliesten Fünfzigerjahre-Fassade stand lange leer. Irgendwie zog es mich an. Ich kannte die Ecke, jahrelang war ich daran vorbeigefahren. Dann legte die schiefe Gaustraße mit den Trambahnschienen ein Revival hin: innerhalb weniger Monate eröffneten junge Boutiquen, Bars und direkt gegenüber ein Szenecafé. Irgendwas fehlt hier, dachte ich. Und: Irgendwas fehlt mir. Mir war schnell klar, Mainz verträgt einen Concept Store. Und zwar genau in dieser Ecke. Ich arbeitete zu dieser Zeit als Innenarchitektin bei einem sehr traditionellen Raumausstatter. Ein routinierter Job, unbefristet und krisenfest. Mein Traum vom eigenen Laden entstand gerade aus dieser Sicherheit heraus. Ich habe immer gern gestaltet, und meine Kreativität ließ sich irgendwann nicht mehr einzwängen in fremde Vorstellungen und das Sortiment, das meine Chefs ausgewählt hatten. Ich wollte ungebremst arbeiten, meine Ideen umsetzen und mit meinem Stil Kunden anziehen. Ich kündigte – und war erleichtert, dieses Korsett endlich los zu sein. Als ich ging, fühlte ich mich, als würde ich losfliegen.

Aber ich flog nicht allein, dafür bin ich zu sehr Teammensch: Meine Schwägerin Bente ist mir die engste Vertraute, viele halten uns für Schwestern – und sie ist die ideale Geschäftspartnerin. Wir ticken gleich, obwohl wir ganz unterschiedlich sind. Bente ist studierte Publizistin und kam direkt von der Uni. Ein Kickstart als Geschäftsführerin, darauf hatte sie sofort Lust. Die Aufgabenverteilung ergab sich automatisch, denn Bente liebt aufräumen: Sie liebt klare Strukturen und kümmert sich um Lager und Büro. Für Bente ist Buchhaltung wie Ordnung machen. Sie mag das Gefühl, wenn alles mit einem Griff zugänglich ist. Der Laden und auch ich profitieren sehr von ihrem Organisationstalent. Ich kenne mich dafür mit Labels und Materialien gut aus und präge mit den Arrangements die Handschrift unseres Ladens.

Bevor wir den Laden anmieteten, vereinbarten wir eine kostenlose Rechtsberatung bei der IHK. Und unser Konzept war der Hit: Der Berater war überrascht, wie gut wir uns vorbereitet hatten. Manchmal stehen da Leute mit zwei handgeschriebenen DIN-A4-Seiten. Wir hatten ein richtiges Skript und einen

Herzlich willkommen! *Am großen Esstisch kommen verschiedene Geschirre, Tischsets und Bildbände zur Stilcollage zusammen. Franziska rückt fast täglich andere Produkte in den Fokus, damit der Kunde ihr Sortiment immer wieder neu entdecken kann.*

FUCHS BENTE
Lass uns Einfach Glücklich sein.
flow
DRUCKEN

Helle Freude: *In den Schaufenstern seilen sich viele verschiedene Leuchten wie ein Vorhang von der Decke ab. Doch wirken sie eher wie Blickfänger als Lichtinseln. Für viel Helligkeit sorgen dagegen LED-Strahler an Deckenschienen im Laden. „Gutes Licht ist immens wichtig", sagt Bente. „Normale Leuchten wirken so diesig. Ich selbst betrete ja auch keinen Laden, wenn ich nicht schon von außen erkenne, was sich drinnen verbirgt."*

Tag der offenen Tür: *Ein ausrangiertes Büfett empfängt die Kunden mit „offenen Armen". In den Fächern stapeln sich die Preziosen. Das wirkt privat und weckt sofort die Lust zu stöbern. Elegantes Stil-Upgrade: Die Schubladen hat Franziska mit Tafelfarbe lackiert.*

„MANCHMAL KOMMT JEMAND UND SAGT: ‚ICH WÜRDE GERN DIE CHEFIN SPRECHEN.' ES IST SCHON EIN TOLLES GEFÜHL, DANN ZU ANTWORTEN: ‚DIE STEHT VOR IHNEN!'"

MAKRAMEE-HÄNGETÖPFE

DAS BRAUCHST DU:

- *Dicke Juteschnur*
- *Schere*
- *Haken*

UND SO MACHST DU ES NACH:

STEP 1:

Die gewünschte Länge der Hängeampel mal 2,5 nehmen. Vier Juteschnüre zuschneiden, zusammennehmen, auf der Hälfte umschlagen und am oberen Ende zur Schlaufe knoten.

STEP 2:

Jeweils nebeneinander liegende Seilpaare nach ca. 25 cm verknoten. Auf gleicher Höhe die restlichen Seile paarweise verknoten. Nach 20–25 cm mit den gleichen Paaren wiederholen.

STEP 3:

Die verknoteten Paare teilen und rundum jeweils mit einem benachbarten Seil verknoten. Ein- bis zweimal wiederholen. Am Ende alle Bänder miteinander verknoten. Einen (leichten) Blumentopf hineinsetzen und an den Haken hängen.

EINLADUNG ZUM WOHLFÜHLEN

Franziskas und Bentes Interiortricks für dein Zuhause:

- Weniger ist mehr! (Auch wenn wir das im Laden nicht unbedingt immer schaffen.) Glatter Perfektionismus ist genauso falsch wie nachlässige Unordnung. Man sollte einen Mittelweg zum „geordneten Chaos" finden.
- Wer Alt und Neu mixt, gewinnt doppelt: einerseits spart es Geld. Andererseits zeigt man mit eigenen Arrangements viel Persönlichkeit.
- Immer auf Qualität achten: gutes Material altert schöner.
- Gruppen aus Formen und Farben oder Themen bilden. Das schafft Ruhe und zieht Blicke an.
- Frische Blumen und Pflanzen! Pflanzen! Pflanzen!

***Wilde Stillleben:** Im Laden stapeln sich Blumentöpfe, Postkarten und Sofakissen. Die gleiche Farbwelt hält sie zusammen.*

GINGER PORT
DIESES REZEPT FINDEST DU AUF SEITE 186

wasserfesten Businessplan, an dem wir uns noch heute messen. Dann ging es an die Hardware, und unsere Partner, Eltern und Freunde packten mit an: In sechs Wochen Schwerstarbeit wurde aus dem dunklen Eckladen an der schiefen Straße ein strahlender, geradliniger Concept Store.

Wir suchen die Kleinmöbel und Accessoires gemeinsam aus, lassen uns viel von anderen Läden, auf Messen und von Instagram inspirieren. Bente koordiniert, ich dekoriere. Und unser Styling braucht Platz. Bei den Büchern zum Beispiel legen wir aus ästhetischen Gründen immer nur zwei Exemplare pro Titel aus. Ich merke auch, wie sich mein professioneller Blick schärft: in neuen Restaurants drehe ich regelmäßig die Teller um, weil ich den Hersteller wissen will. Und Bente hat schon mal den Drang, auch in anderen Läden ‚aufzuräumen', statt einfach nur Kundin zu sein.

Nach drei Jahren besteht unser Team aus sechs Mitarbeitern. Jeder von uns gönnt sich dadurch eine Fünftagewoche und sogar Urlaub. In die Rolle der Chefin mussten wir allerdings erst hineinwachsen. Man will als Frau ja immer gern gemocht werden – was für eine dumme Angewohnheit! Denn dieses Liebkindmachen geht schief, spätestens wenn es um Personalprobleme oder um hartes Verhandeln mit Lieferanten geht. Ich lerne, sachliche und klare Ansagen zu machen. Und natürlich vermissen wir auch Sicherheiten wie eine feste Rente. Oder die offizielle Erlaubnis, einfach mal alles liegenlassen zu können und sich auszuruhen. Dennoch wollen wir das alles nicht eintauschen: Wir lernen voneinander, motivieren und stützen uns, gemeinsam geht alles besser. Durchhänger gehören dazu – dann übernimmt automatisch die andere das Steuer. Als ich meinen Sohn zur Welt brachte, schmiss Bente über Monate allein den Laden. Und als Bente ein paar Wochen ausfiel, grub ich mich in die Unterlagen der Buchhaltung. Wir sind als Team unschlagbar. Als Bente mal gefragt wurde, was das Wertvollste im Laden sei, antwortete sie: ‚Natürlich Franziska!' Das gilt auch umgekehrt: Ohne Bente an meiner Seite gäbe es den Laden nicht. Und ohne Fuchs & Bente wäre unser Leben nicht so, wie es ist."

LILLI & LUUK

YVONNE KUHNERT & JASMIN DI CARO
31 UND 35 JAHRE
AM VREITHOF 8, 59494 SOEST
FACEBOOK.COM/LILLIUNDLUUK.DE
MO 14–18 UHR, DI–FR 10–13,
14–18 UHR, SA 10–16 UHR

FREUND-SCHAFTSSPIEL

Blechkreisel, Knackfrösche, Kinderkleidung und gehäkelte Elefanten: Die Freundinnen Yvonne Kuhnert und Jasmin di Caro leisten in der Kleinstadt Soest mit ihrem Laden ein Stück Pionierarbeit. „Das ist aber mutig!", hören sie immer wieder. „Was soll daran mutig sein, auf seinen Bauch zu hören?", fragen sie zurück. Und über diese Leichtigkeit freuen sich nicht nur Vorschulkinder.

***Genusszentrum**: Der Herd stammt noch aus dem ursprünglichen Laden für englische Spezialitäten. Für die Kinder ist er heute ein Lieblingsstück zum Spielen.*

.... „Jasmins Nachricht habe ich immer noch im Handy gespeichert: ‚Ich habe eine verrückte Idee. Lass uns einen Laden aufmachen.' Ich glaube, sie schrieb mir ganz spontan, ohne großen Plan, dafür mit umso mehr Enthusiasmus. Wir hatten uns erst vor ein paar Monaten kennengelernt, durch unsere etwa gleichaltrigen Söhne war schnell eine enge Freundschaft entstanden. Ein eigener Laden – mit dem Gedanken hatte ich schon lange gespielt. Nur: Ich war frisch alleinerziehend, mir fehlte das Geld, die Zeit und der Mut. Auf einem Spaziergang hatte ich Jasmin von meinem großen, heimlichen Traum erzählt. Ich weiß noch, wie wir mit einem Eis in der Hand über den Stadtwall bummelten. Ein kleiner, freundlicher Laden sollte es werden, reduziert eingerichtet, mit richtig schönen Produkten, alles für Kinder. Ich konnte gar nicht aufhören zu reden. Und Jasmin hörte zu. Sie war gerade mit ihrem Mann und dem gemeinsamen Sohn von Hamburg zurück in ihre Heimatstadt gezogen. Ihr fehlte die Großstadt sehr, und ich glaube, in ihr wuchs der Hunger auf neue Impulse. Sie ist sehr spontan und impulsiv; ihr Sohn ging jetzt in den Kindergarten, sie wusste einfach nicht, wohin mit ihrer ganzen Energie.

Zuerst kritzelten wir unsere Gründungsideen auf einzelne Zettel, dann reifte das Ganze zum eigenen Konzept. Da wurde ein Ladenlokal in der Altstadt frei, nur ein paar Meter entfernt von meinem Arbeitsplatz bei der Stadtverwaltung: Fußgängerzone, unmittelbar am Wochenmarkt, den Weihnachtsmarkt und die jährliche Kirmes vor der Tür. Bestlage also, mit jeder Menge gut gelaunter Laufkundschaft. Die Mieter vor uns verkauften hier 18 Jahre lang typisch englische Produkte in entsprechend urig-traditionellem Ambiente: alles war dunkelbraun vertäfelt, die Regale steckten voller Ware. Aber ich stand das erste Mal hier im Raum und konnte mir sofort vorstellen, wie alles aussehen soll.

Unser Mietvertrag war schnell unterschrieben – und erst danach haben wir es allen erzählt. Wir wollten uns von außen einfach nicht bremsen lassen. Fürs Startkapital legten wir zusammen. Jasmin plünderte ihr Sparbuch. Und ich nahm einen Kleinkredit auf. Die letzten drei Nächte vor dem Banktermin habe ich kaum geschlafen, ich hatte ja keinerlei Sicherheit. Aber Jasmin und mein neuer Partner haben mich bestärkt und mir immer wieder vermittelt: ‚Du kannst das.' An diesen Worten habe ich mich festgehalten. Die Bank war von unserem Konzept begeistert, kein Wunder, so einen Laden gibt es hier kein zweites Mal.

Vier Wochen lang renovierten wir. Neben den Handwerkern packten Familie und Freunde mit an. Das Sortiment suchten wir uns auf Kurztrips durch Hamburg und auf Messen zusammen, neulich

INNERE WERTE

Eine Kücheninsel von Ikea dient als Verkaufstresen. Großer Vorteil: in ihrem Inneren verschwindet Kleinkram wie Tüten, Bonbons und Ballon-Reserven.

Heiß auf Weiß: *Vor weißem Hintergrund strahlen die Spielsachen wie ein Farbfeuerwerk. „Die Ware kommt so einfach besser zur Geltung." Deshalb haben Yvonne und Jasmin alles weiß gestrichen, sogar die Fensterscheiben im hinteren Teil des Ladens. Der naturbelassene Holz- und Marmorboden sorgt dafür, dass der Verkaufsraum nicht allzu clean wirkt.*

waren wir dafür auch in Amsterdam: Bei uns gibt es Produkte, die überraschen, weil sie nicht mal eben schnell bei Onlineversendern zu haben sind. Das ist einer unserer Erfolgsschlüssel. Und vielleicht kommt dazu, dass bei uns alles ohne Druck funktioniert. Denn im Moment ist der Laden, leger gesagt, ein intensives Hobby für uns. Wir können von den Einnahmen die Miete bezahlen. Mehr zählt für uns erstmal nicht. Durch unsere Teilzeitjobs bleiben wir sozialversichert, die Verkaufstage teilen wir uns auf, einmal pro Woche kommt eine Aushilfe. Der Laden läuft schon nach ein paar Monaten besser als gedacht. Bestärkung tut trotzdem extrem gut. Jasmins Vater zum Beispiel ist selbst Unternehmer und ein totaler Sicherheitsmensch. Wenn er heute hereinkommt, schaut er seine Tochter anerkennend an und schmunzelt: ‚Wer hätte das gedacht?' Darüber freuen wir uns beide. Es ist schon interessant, wer sich jetzt alles wundert, dass unsere Idee so gut ankommt. Dabei fiel die Eröffnung vergangenen Mai ausgerechnet auf einen Freitag, den Dreizehnten. Für uns definitiv ein Glückstag!"

EXTRA-TIPP: BIRKENAST ALS KLEIDERSTANGE

Tolle Dekoidee, auch fürs Kinderzimmer: an beide Enden eines Birkenastes ein dickes Seil knoten und mit Haken an der Decke befestigen. Setzt die schönsten T-Shirts und Kleidchen perfekt in Szene.

Entspannungsinsel: *Der blaue Sessel in der hintersten Ecke ist für Yvonne und Jasmin der ideale Rückzugspunkt: von hier aus haben sie den ganzen Laden und das Treiben vor dem Schaufenster im Blick.*

SELBSTBEDIENUNG

Die tiefen Bilderleisten von Ikea geben mit kleinen Spielsachen bestückt auch einen prima Kaufladen ab.

Familiensache: *Schriftzug und Logo wurden von Jasmins Neffen gestaltet, er studiert Grafikdesign in Rom. Die Gutscheinkarten, Papierobjekte und Heliumballons drinnen leuchten im gleichen Farbton – das wirkt viel wertiger als buntes Durcheinander.*

„DIE BESTEN ERGEBNISSE IN MEINEM LEBEN VERDANKE ICH BAUCHENTSCHEIDUNGEN."

FERNSEHER AUS PAPPKARTON

DAS BRAUCHST DU:

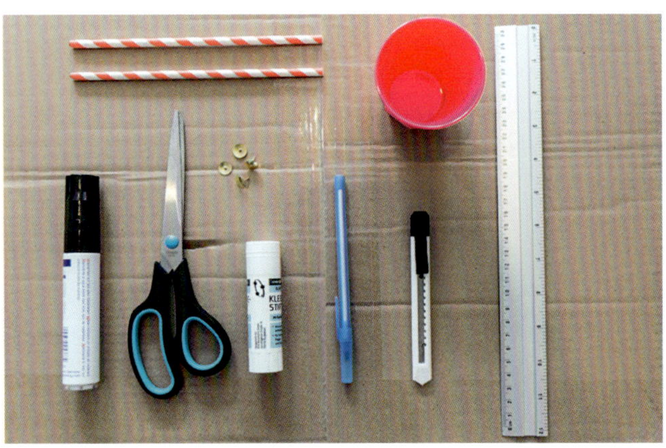

- Einen großen Karton (frag im Supermarkt nach)
- Dicken Filzstift
- Kugelschreiber
- Schere
- Klebestift
- Cutter
- Lineal
- Becher für die Umrisse
- 3 Reißzwecken
- 2 Papierhalme

UND SO MACHST DU ES NACH:

STEP 1:
Zeichne mit Filzstift und Lineal die Umrisse des Fernsehers auf den Boden des Kartons. Zeichne anschließend den Umriss des Bildschirms (lass dabei rechts etwas mehr Platz) und schneide die Linie mit dem Cutter aus.

STEP 2:
Auf das ausgeschnittene Stück Karton zeichnest du mithilfe eines Bechers sieben Kreise. Ausschneiden und vier davon auf das Feld neben dem ausgeschnittenen Bildschirm kleben.

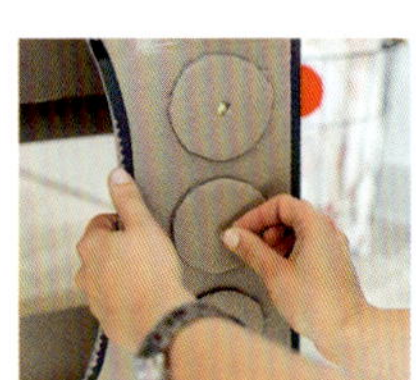

STEP 3:
In die unteren drei Plättchen steckst du mittig je eine Reißzwecke. Auf das oberste Plättchen klebst du im 90-Grad-Winkel einen weiteren halben Kreis.
Schneide von den beiden letzten Pappkreisen je ein Stück ab, schiebe sie ineinander und klebe sie auf die Oberseite des Fernsehers. Stoße zwei Löcher in den Karton und stecke die Papphalme hinein.

BUNTE VERKEHRSORDNUNG

Immer gut, wenn eine Präsentation zum Spielen einlädt: Hier wartet der Fuhrpark von Lilli & Luuk in ordentlichen Reihen auf grünes Licht der kleinen Kunden.

TOP-3-TIPPS FÜR EINEN GUTEN START VON JASMIN UND YVONNE

- Plane viel (viel!) Zeit für die Renovierung ein.
- Denke nicht zu lange über deine Entscheidungen nach. Wenn du ein gutes Gefühl hast, vertraue darauf!
- Hole so viele Informationen wie möglich ein: sprich Lieferanten an, wälze Kataloge, geh auf verschiedene Messen.

HERZILEIN PAPETERIE

SONJA VÖLKER

46 JAHRE

WOLLZEILE 18
A-1010 WIEN
HERZILEIN-PAPETERIE.AT

MO–FR 10–19 UHR, SA 10–18 UHR

HEISS AUF SCHWARZWEISS

Sonja Völker ist keine Frau, die sich klein macht. Sie ist unmittelbar und ehrlich, anpackend und ohne Umwege. Bekannt wurde sie durch ihre Kindermode. In der Wiener Wollzeile steht sie nun vor dunklen Regalen, umgeben von kalligrafierten Glückwunschkarten, gebundenen Notizheften, handgeschöpftem Geschenkpapier. Eine Papeterie. Ein neuer Anfang. Und für viele der schönste Laden von Wien.

Schreib mal wieder! *Der Tisch am Fenster ist eines von vielen antiken Fundstücken im Laden. Darauf feiern Kladden, Mäppchen und dicke Notizbücher das Revival der Schreibkultur.*

.... „Es ist doch so: Es gibt keine Fee, die auf dem dünnen Eis steht und sagt ‚Trau dich nur drüber!' Das Leben besteht aus Risiken. Aber sehr oft werden Möglichkeiten draus, wenn du es nur wagst, den nächsten Schritt zu gehen. 15 Jahre war ich Grundschullehrerin. Ich machte meinen Job gern, und die Kinder lernten viel von mir – unter anderem, dass das Leben nicht nur aus ‚Gutzigutzi' besteht, wie wir Österreicher sagen. Es ist nicht alles ein Zuckerschlecken. Nach meinem zweiten Kind machte ich 2005 Schluss mit dem Leben nach Stundenplan: Ich spürte, das langt mir nicht. Ich muss was völlig Neues ausprobieren und tun, woran mein Herz hängt. Ich habe immer gern für meine Kinder genäht, also zog ich das Kindermodelabel Herzilein auf. Ich eröffnete ohne großes Nachdenken meinen ersten Laden in Wien, dann schnell einen weiteren. Und meine bunte Welt wurde zum Kundenmagneten. Ich verkaufte die Kleidchen, Jäckchen und Kinderaccessoires bis nach Dubai und Schanghai, stellte ein Dutzend Mitarbeiterinnen ein. Alles lief wie am Schnürchen.

Zu routiniert, nach meinem Geschmack. Langweilig wäre zu viel gesagt, aber da war es wieder, dieses Gefühl: Ich will was Neues machen, unbedingt. Weil ich immer gern geschrieben und gebastelt habe, die Haptik von handgeschöpftem Papier liebe und diese kunstvollen Typografien, kam mir die Idee einer nostalgischen Papeterie. Und zwar diesmal, für Herzilein total ungewohnt, ganz ohne laute Farben. Alles in Schwarz, Weiß, Natur. Ich krempelte einen meiner Kinderläden um, damit war das erste Herzilein-Papiergeschäft geboren! Dann schloss dieses Jagdmodengeschäft, alteingesessen, schräg gegenüber von einer meiner Filialen und nur ein paar Schritte vom Stephansdom entfernt. Ich hatte jahrelang ein Auge drauf geworfen und war überzeugt: Den Laden übernehme ich irgendwann! Das holzgerahmte Schaufenster, hinter dem früher diskret die Adeligen eingekleidet wurden, die vertäfelten Wände, die alte Theke: Er ist einfach wie gemacht für eine zweite Papeterie. Kleiner Haken: Die Inhaberin verlangte eine richtig hohe Ablöse fürs Inventar und für die gute Adresse. Manchmal erschrecke ich ja ein bisschen vor meinem Mut, aber das haute mich nicht um. ‚Du bist ja verrückt', sagten ein paar Freunde. ‚Heutzutage schreibt doch kein Mensch mehr Postkarten.' Aber dieses Dagegenreden spornte mich noch mehr an. Ich sagte mir: ‚Und wenn ich den Laden an die Wand fahre – jetzt will ich's wissen!' Ich hätte alles für diesen Platz gegeben. Was ich hier verkaufe, ist klar und sinnlich, gleichzeitig verspielt und zeitlos. Wenn ich es mir recht überlege: Eigentlich ist der Laden genau wie ich. Ich bin im Grunde gar keine ‚bunte Nudel', so wie es in den Kinderläden rüberkommt. Zwischendrin leuchten hier ein paar rote Details. Und auch mir gefällt es, sichtbar zu sein. Und mutig. Sicher, ich

SELBSTGENÄHTE GLÜCKWUNSCHKARTEN

DAS BRAUCHST DU:

- *einige Seiten aus alten Büchern*
- *Pappe oder festes Papier, mittelstark und einseitig bedruckt*
- *Nähgarn*
- *Mini-Stoffschleifen (aus dem Bastelladen)*
- *Schere*
- *Nähmaschine*

UND SO MACHST DU ES NACH:

STEP 1:
Buchseite längs umschlagen (nicht falzen!) und mit der Schere ein halbes Herz ausschneiden. Dabei ist Augenmaß gefragt: Es muss kleiner als eine halbe Seite des bedruckten Papiers sein.

STEP 2:
Pappe in der Mitte falzen; das Herz auf die bedruckte Vorderseite nähen. Je nach Geschmack mehrere Umrandungen mit unterschiedlichen Garnen nähen.

STEP 3:
Stoffschleifchen an der unteren Spitze festnähen.

Tipp: Alternativ kannst du auch einen bestempelten Geschenkanhänger oder einen kleinen (Geld-)Umschlag auf die Pappe nähen.

gehe mit den Papeterien ein Risiko ein, auch wenn ich hier einen geschmeidigen Start hatte. Die Leute kommen rein und sagen: ‚Ich bin jetzt eine Woche in Wien, aber das ist der schönste Laden der ganzen Stadt.' Meine Gewinnspanne bleibt überschaubar, auch bei derart hochwertigen Artikeln. Ich kalkuliere nach Gefühl, nicht nach einem festen Faktor. Und ich setze auf meine Lebenserfahrung. Vielleicht braucht man ein gewisses Alter für diese Einsicht. Aber heute weiß ich: Ich bin der Mittelpunkt in meinem Leben.

Ich hab' gern alles im Griff, ‚am Krawattl', wie wir Wiener sagen. Aber manchmal gibt es Augenblicke, da steigen mir die Tränen in die Augen. Wenn jemand mit einer knallroten Herzilein-Tüte über die Straße rennt. Oder wenn ich im Urlaub einem Mädchen mit einem Rock aus meiner Kollektion begegne. Das rührt mich wahnsinnig. Und gleichzeitig macht es mich unglaublich stolz: Da sehe ich, ich bin erfolgreich. Und da weiß ich auf einmal, ich habe alles richtig gemacht."

„WIE ICH MICH MOTIVIERE? ICH JAMMERE. UND DANN SCHAU' ICH NACH VORNE UND GEB' GAS!"

STARTHILFE

Sonja verrät 10 Anfängerfehler und wie du sie vermeidest.

Kaufladen 2.0: Die eleganten Einbauten aus dunklem Holz stammen noch aus dem ehemaligen Jagdmodengeschäft.

Perfekt zweckentfremdet: *Das weiße Metallgerüst ist eigentlich das Seitenteil eines günstigen Landhausregals. Bei Sonja präsentiert es handbedruckte Geschenkpapierbögen.*

Stadtgespräch: *Sonja liebt den großen Auftritt. Pinke Punkte markieren ihren Firmen-Bulli, die roten Herzilein-Tüten und die Leuchtreklamen. Ihre Papeterie in der Wollzeile setzt den Kontrapunkt. Hier gibt's leise Sinnlichkeit statt laute Farben.*

HERR HOLGERSSON

ELISABETH WINDFELDER
& JASMIN MARSCHALL

27 UND 34 JAHRE

MARKTPLATZ 4, 55435 GAU-ALGESHEIM
HERRHOLGERSSON.DE

MO–FR 9–18.30 UHR, SA 9–14 UHR

ALLE SEITEN DES GLÜCKS

Wer heute einen Buchladen eröffnet, kann genauso gut in Pferdekutschen investieren, unkten Skeptiker. Falsch gedacht: „herr holgersson" in Gau-Algesheim ist so einzigartig, frisch und erfolgreich, dass die Inhaberinnen mit dem Deutschen Buchhandelspreis ausgezeichnet wurden. Ihr Geheimnis? Sie hören nicht auf Schwarzmaler. Sondern behalten die Fakten im Auge.

Lebensraum: *Lesen und Leben gehören zusammen. Die dunkle Lagerhalle im hinteren Teil eines ehemaligen Weinguts wurde vollkommen saniert. Durch die Deckenfenster dringt jetzt helles Atelier- und Leselicht.*

.... „Manchmal haben wir noch dieses Bild im Kopf. Wie wir hier durch die Straßen wandern, mit unseren Körben voller Bücher. Und sie verschenken. Wir haben einfach bei allen Leuten angeklopft, mit denen wir später zusammenarbeiten wollten. Und uns vorgestellt: in der Postfiliale, bei der Stadtjugendpflege und in der Bücherei, in der Grundschule und auch in den Weingütern am Ort. ‚Wir sind die Neuen', haben wir erzählt. ‚Und wir eröffnen hier am Marktplatz eine Buchhandlung.' Das war spannend, denn wir sind beide nicht von hier, und in Gau-Algesheim, einer Kleinstadt mit rund 7000 Einwohnern, zwei Kindergärten, einer Grund- und einer Realschule sowie einem Schwimmbad kennt jeder jeden. Dass wir gerade hier landen würden, hatte auch weniger mit heimatlichen Wurzeln als mit genauer Berechnung und Strategie zu tun: Wir wollten in einem Ort eröffnen, in dem man noch Bezug zueinander hat.

Dass wir zusammen einen Buchladen gründen würden, wussten wir schon während des gemeinsamen Bürojobs beim mediacampus frankfurt. Unsere Idee wuchs über die Schreibtische hinweg und breitete sich langsam, aber unaufhaltsam in unseren Leben aus: in Dateien, Zettelkästen, Notizbüchern. Beim Dachverband der Buchbranche erfragten wir Zahlen, beim Statistischen Bundesamt recherchierten wir die Einwohnerstruktur der Gegend.

Und schließlich hat der Laden uns gefunden. Bevor wir einzogen, lagerte hier ein Werbemittelvertrieb seine Ware. Dann wechselte der Eigentümer, das ganze Haus wurde saniert. Den Tipp bekamen wir von einer ehemaligen Kollegin. Wir haben uns gar keinen anderen Laden angeschaut – hier passte sofort alles. Wir haben hier mit 120 Quadratmetern genug Freiraum für unsere Bücherbühne. Eine individuelle, offene Wohnung für Leseratten nämlich, mit Wohnbereich, Kinderzimmer, Küchenzeile und großem Esstisch: Auf der Einrichtung baut unser ganzes Konzept auf. Ein Ladenbauer kam für uns nicht infrage. Wir haben auf Flohmärkten Cocktailsessel und Nierentische ergattert, den Kassentisch gegen einen Büchergutschein getauscht und das Kinderbett via Kleinanzeige gefunden und rot gestrichen. Wir hören es immer wieder: Wer hier hereinkommt, fühlt sich sofort wie zu Hause. Kinder besuchen uns nach Schulschluss, angeln sich den neuesten ‚Harry Potter' und beginnen sofort zu lesen. Großeltern suchen ein Buch für den anstehenden Urlaub. Wir lieben Beratungen, bei denen wir um die Ecke denken müssen. Wenn man nichts vom anderen weiß

BUNTE PLATTE

Besondere Lese-Leckerbissen servieren Elisabeth und Jasmin auf Vintage-Tischen aus den Fünfzigern, die den großen Raum noch wohnlicher machen.

SCHWEBENDE BÜCHER

DAS BRAUCHST DU:

- *Mitteldickes Hardcover-Buch mit schönem Deckel und evtl. buntem Schnitt*
- *Einen kleinen Metallwinkel*
- *Masking Tape*
- *Schere*
- *Kordel oder Band*
- *Deckenhaken*

UND SO MACHST DU ES NACH:

STEP 1:
Beklebe einen Winkel mit Masking Tape. Schlage das Buch in der Mitte auf und platziere den Winkel im Falz.

STEP 2:
Schneide nun so viel von der Kordel ab, dass sie einmal lose um Buch und Winkel führt. Verknote dann die Kordel über dem Buchrücken.

STEP 3:
Schneide ein zweites Stück Kordel zu (ungefähr in der Länge, in der das Buch nachher von der Decke hängen soll) und ziehe sie zwischen Buch und erster Kordel hindurch. Wieder verknoten. An einem Deckenhaken aufhängen.

und sich langsam in seine Welt hineintastet – das macht Spaß. Vor allem, wenn der Kunde dann wiederkommt und sofort den nächsten Buchtipp will.

Inzwischen sind wir ‚Zugereisten' total im Stadtleben eingebunden. Wir sitzen in der Jury für den Lesewettbewerb der Realschule, gehen auf Gewerbevereinstreffen, betreuen Büchertische am Rande von Theateraufführungen und Lesungen, bauen unseren Stand auf Sommerfesten auf. Manchmal geht es im Laden zu wie auf einem Marktplatz. Vor Weihnachten oder zum Schulanfang treffen sich bei uns Bekannte, Kinder spielen im Hof, irgendjemand will Veranstaltungsplakate aufhängen. Und wir beraten, verkaufen und verpacken im Akkord. Das sind Momente, die uns besonders glücklich machen. Die letzten drei Jahre sind so schnell vergangen, als würde man eine Buchseite umblättern. Wir erinnern uns kaum noch an die Eröffnung. Nur einzelne Bilder sind geblieben: das neue Kassensystem, die vielen Menschen, jede Menge Blumensträuße, die gelben Luftballons im Hof. Mittags waren fast alle geplatzt. Aber dafür war unser größter Traum wahr geworden.“

WEGWEISER

DAS (NOCH PROVISORISCHE) SCHILD AUS PAPPE UND MASKING TAPE WIRKT GENAUSO SYMPATHISCH WIE DIE INHABERINNEN.

APPETITANREGER

Die Mitarbeiter garnieren ihre neuen Lieblingsbücher mit handgeschriebenen kurzen Inhaltsangaben. Das wirkt persönlich, engagiert – und ist garantiert verkaufsfördernd.

BUCHTIPPS ZUM DURCHHALTEN

→ **Madge Jenison: „Sunwise Turn"**
Ebersbach & Simon, 16,80 €
„Madge Jenison ist eine von zwei Frauen, die 1916 zusammen in New York eine Buchhandlung gegründet haben. Die beiden beschreiben den Buchhandelsalltag so lebhaft und unterhaltsam, dass wir uns auch 100 Jahre später darin wiederfinden."

→ **Petra Hartlieb: „Meine wundervolle Buchhandlung"**
Dumont, 9,99 €
„Die Autorin beschreibt, wie sie kurzentschlossen mit der Familie von Hamburg nach Wien zieht und sich als Buchhandlungsinhaberin wiederfindet. Wie mutig, wild und wunderbar!"

→ **Luisa Zeltner: „Pause im Glas"**
Hölker, 16,95 €
„Dieses Kochbuch rettet uns übers Mittagstief. Man braucht ein großes Einmachglas und schichtet die Zutaten hinein. Dann nur noch schütteln und fertig ist der tolle und gesunde Salat."

Große Auswahl für kleine Leser: *Malbücher, Rätselbücher, Kinderromane und Lesehefte – ein ganzes, helles Zimmer ist ausschließlich dem Nachwuchs gewidmet. Hübscher Tipp: die Bücher nach Farben sortieren oder als kleine Galerie auf ein Bilderbord an die Wand lehnen.*

„MEINE KRAFTQUELLE: MIT BUCH UND EIS IN DIE BADEWANNE!“

POPCORN
DIESES REZEPT FINDEST DU AUF SEITE 191

Köstliches Kulturgut: *Jeden Monat geben Jasmin und Elisabeth einen Filmabend. Natürlich stilecht mit Popcorn: süß, herzhaft und garantiert selbstgemacht.*

LOVECO
CHRISTINA WILLE
30 JAHRE
SONNTAGSTRASSE 29
10245 BERLIN
LOVECO-SHOP.DE
MO–FR 12–20 UHR,
SA 11–19 UHR

LAUTER LEBENSWERTE

Wer bei Christina Wille Jutesack und Gesundheitssandalen erwartet, liegt hier falsch. Ihr Eco-Laden ist ein eleganter Ort, mit ruhigem Pulsschlag und nachhaltiger Wirkung. „Bei mir werdet ihr keine Protest-T-Shirts finden", sagt die Kulturwissenschaftlerin. Mit „Loveco" in Berlin-Friedrichshain zeigt sie, dass Kleidung modisch und gleichzeitig fair, vegan und ökologisch sein kann. Und dass Einkaufen Spaß machen darf.

Tragende Rolle: *Die Kleiderständer aus Kupferrohren wurden von einem Handwerker gefertigt. Weil sie viel Ware tragen müssen, sind sie im Boden verschraubt. Einige der Deckenleuchten stammen von einem Hoftrödel auf dem Land.*

.... „Wenn man den Kleiderschrank meines Opas öffnete, hing da genau ein Sonntagsanzug. Vielleicht ist deshalb so tief in mir verankert, dass Dinge nachhaltig sein sollten. Ich werde richtig aggressiv, wenn ich sehe, wie die unsinnigsten Produkte vermarktet werden. Wozu bitte braucht die Welt einen Mozzarella-Schneider? Ich will, dass die Menschen ihr Verhalten überdenken – und trotzdem Spaß am Einkaufen haben. Bei mir im Laden mache ich Vorschläge, wie das geht. Es sind nur Ideen, ich schwatze niemandem etwas auf. Mir ist es lieber, ein Kunde kauft nichts, als sich zu einer Hose überreden zu lassen, die er ohnehin nie anzieht. Mit Eco-Mode verbinden viele noch Jutesack und Gesundheitssandalen. Dabei sieht man es den Sachen schon seit Jahren nicht mehr an, dass sie ökologisch hergestellt sind.

Bevor ich Loveco eröffnete, war ich Shop-Managerin in einem Berliner Laden für Ökomode – für mich die beste Möglichkeit, in die Branche einzusteigen, alle Labels und Siegel kennenzulernen und hinter die Kulissen zu schauen. Shop-Manager klingt erstmal super, aber im Grunde war ich Verkäuferin. Ich wollte mehr Verantwortung, jetzt kann ich selbst entscheiden und viele Dinge vereinen: mein Sortiment auswählen, beim Dekorieren meine Kreativität ausleben und auch noch etwas Sinnvolles tun. Ich habe früher Jugendarbeit gemacht, war in sozialen Bereichen engagiert, habe bei Greenpeace gearbeitet. Meine Chemielehrerin hat mir schon in der Schule prophezeit, dass ich mal was mit Mode machen würde, weil ich mich immer schon gern ausgefallen anzog. Mir selbst war das noch gar nicht klar. Eigentlich wollte ich Medienwissenschaften studieren, ich scrollte auf der Webseite der Uni zu ‚M' – und da stand plötzlich der Studiengang Materielle Kultur: Textil. Die Beschreibung faszinierte mich so, dass ich mich in Oldenburg einschrieb. Ein glücklicher Zufall und der Beginn meines Wegs zu Loveco. Heute schickt mein damaliger Dozent seine Studenten zu mir in den Laden, ich bin sowas wie sein leuchtendes Beispiel für den bewussten Einzelhandel der Zukunft. Das tut extrem gut und bestärkt mich in dem, was ich mache.

Styling und Büroarbeit – die wenigsten Menschen können beides. Deshalb ist es vollkommen legitim, sich Hilfe zu holen. Mein Freund hat Nachhaltiges Management studiert. Er hat mir den Businessplan geschrieben und mir ab dem ersten Monat ein kleines Gehalt eingerechnet, von dem ich vernünftig leben kann. Anfangs dachte ich: ‚Ein eigener Shop, das kann ich doch alles gar nicht.' Er

„SOLANGE ES MIT URLAUB NICHT HINHAUT, GÖNNE ICH MIR KLEINE INSELN. ZUM BEISPIEL EIN INDIE-ROCK-FESTIVAL IN OLDENBURG, WO ICH STUDIERT HABE."

Vom Schmuck bis zu Beautyprodukten: *In Christinas Sortiment gelangt nur, was für alle Beteiligten fair produziert wurde. Auch die Einrichtung ist nachhaltig: Die meisten ihrer Möbel im Laden hat sie – gut und günstig – gebraucht gekauft.*

CHRISTINAS DIY-TIPP

PIMP YOUR T-SHIRT!

DAS BRAUCHST DU:

- *T-Shirt*
- *Stoffrest aus starkem Stoff (Größe: doppelte Breite des Ärmels plus 4 cm Nahtzugabe)*
- *Bügeleisen*
- *Nähmaschine und Nähgarn*
- *Stecknadeln*
- *Lineal*
- *Schere*

UND SO MACHST DU ES NACH:

STEP 1:
Stoffstreifen jeweils längs zusammenklappen, umbügeln, die Fransenseite mit Zickzacknaht versäubern.

STEP 2:
Streifen am T-Shirt-Ärmel feststecken: Dafür alle 5 cm mit dem Lineal den Abstand messen, hier schaut der Streifen rundum 2,6 cm aus dem Ärmel heraus. Streifen festnähen (am besten an der Naht des T-Shirt-Ärmels entlang).

STEP 3:
Streifenenden an der Achselseite mit Zickzackstich zusammennähen. Beim zweiten Ärmel genauso verfahren. Wer mag, kann den unteren Saum des Shirts genauso veredeln.

antwortete nur: ‚Wieso, du machst doch als Shop-Manager auch nichts anderes.' Kurz gesagt: Er stärkt mir den Rücken, unterstützt mich bei der Umsatz- und Marketingplanung und erledigt auch die nicht ganz so angenehmen Aufgaben: Stichwort Buchhaltung! Außerdem haben wir eine Festangestellte, die für die Pflege des Onlineshops zuständig ist, Newsletter schreibt, Marketing und PR macht und dann noch einige Aushilfen im Laden.

Das verschafft mir Zeit, und manchmal nutze ich sie auch nur dazu, mich Montag Vormittag in Ruhe in ein Café zu setzen, statt vor dem PC zu hocken. Ich kümmere mich um neue Labels, den Einkauf und, zusammen mit meinem Bruder, um die Fotoshootings, denn viele Hersteller haben keine guten Bilder. Was mich aber am meisten erfüllt, sind die Aktionen, die wir gemeinsam planen: ein veganes Abendessen im Laden zum Beispiel, für das man Tickets kaufen kann. Einmal im Monat räumen wir vorne den großen Tisch leer, und eine befreundete Köchin serviert ein mehrgängiges Dinner. Es ist ein wunderbares Gefühl, zu sehen, wie sich hier ganz unterschiedliche Menschen an einen Tisch gesellen. Sie wären sich vielleicht sonst nie begegnet, teilen aber die gleiche Überzeugung für faires Einkaufen. Diese Menschen zusammenzubringen, genau dafür mach' ich den Job."

GLÜCKSGRIFF

DEN LADEN FAND CHRISTINA ZUFÄLLIG, ALS SIE AUF DEM RÜCKWEG VON EINER ANDEREN BESICHTIGUNG WAR. DER VERMIETER WAR VON IHREM ECO-KONZEPT SO ÜBERZEUGT, DASS ER DEN FUSSBODEN AUS ALTEN HOLZ-DIELEN ZUSAMMENFÜGEN LIESS.

plastic
LOVECO

ECOFRIENDLY EINKAUFEN

Christinas Tipps für nachhaltiges Shopping:

„Buy less, choose well, make it last.“ Vivienne Westwoods Zitat bringt es auf den Punkt. Unser Konsum muss bewusster und langlebiger werden:

- Kauf ein Teil, bei dem du absolut sicher bist, dass du es lange tragen wirst. Dann zahlst du zwar mehr, dafür aber werden die Menschen fair entlohnt und die Natur entlastet.
- Schone das Kleidungsstück, geh vernünftig damit um – dann hast du lange etwas davon.
- Übrigens: Secondhand ist eine gute Alternative, wenn du dir Eco-Fashion (noch) nicht leisten kannst.

Pssst! Die Wand hinter Christina erzählt von ihrem früheren Leben! Den Bauarbeitern die unverputzte Schönheit zu vermitteln, war eine der größten Herausforderungen während der Renovierung.

SCHOSCHA

SONJA MESSING
54 JAHRE
VILLA MAUTHE
BREGENZERSSTRASSE 43
A-6900 BREGENZ
SCHOSCHA.COM
DI–FR 11–18 UHR,
SA 10–16 UHR

SEELENSCHLOSS

Das Telefon schnarrt, die Espressomaschine zischt, und Audrey Hepburns Song „Moon River“ schwebt irgendwo unter der stuckverzierten Decke. Sonja „Schoscha“ Messing ist ein Sinnesmensch. Und ihre herrschaftliche Villa am Bodensee ist die Erweiterung ihrer Persönlichkeit: mit gelebten Möbeln, ausgefallenen Stoffen, kunstvoll illustrierter Papeterie und Literatur. Und mit einer sehnsuchtsvollen Stimmung, der sich kaum jemand entziehen kann.

estrela
PAPER PLACEMAT PADS
Raum für Träume

Fang des Lebens: *Sonjas Sortiment logiert im Erdgeschoss der herrschaftlichen Villa Mauthe. In der ersten Etage sind private Wohnräume untergebracht.*

.... „Ich war Angestellte in einer Klinik, war Einrichtungsberaterin, Möbelagentin und Teilhaberin eines Cafés. Im Nachhinein waren alle Jobs nur mehr oder weniger anstrengende Umwege. Wege, um dem auszuweichen, was ich wirklich will: einen eigenen Laden. Ich habe vier (inzwischen erwachsene) Kinder von zwei Männern, bin seit Ewigkeiten alleinerziehend. Ich hatte nie genug Mut, alles auf eine Karte zu setzen. Und genau dieses Sicherheitsdenken hat mir das Genick gebrochen: Vor vier Jahren kam der Burnout. Und mit dem Tod meines damaligen Lebensgefährten mein persönlicher Tiefpunkt.

Doch wie immer im Leben passiert alles zur richtigen Zeit: Die Villa Mauthe an der Seepromenade in Bregenz stand zur Vermietung. Ich wohne einen Ort weiter, und wir beide waren jahrelang an dieser alten, etwas heruntergekommenen Villa von 1856 vorbeigefahren. Ich und mein Wunsch, den ich 20 Jahre lang im Alltag vergraben hatte, irgendwo tief in mir. Ich sah das Schild und rief den Makler an, aus einem Impuls heraus. Er meinte, die Vermieterin aus den USA wäre gerade vor Ort, ich solle mich gleich vorstellen. Es gab furchtbar viele Bewerber. Ich erklärte mein Konzept: Design-Einzelstücken aus ganz Europa eine Bühne zu bieten, Raritäten und Originale vor dieser historischen Kulisse für sich sprechen zu lassen, mit Lesungen und Ausstellungen Künstler und Kunstfreunde anzulocken, den Ort zu beleben. Die Vermieterin

IN DEN SALONS DER VILLA TREFFEN NEUE DESIGN-ORIGINALE AUF FUNDSTÜCKE AUS EINER ANDEREN ZEIT. DIE STIMMUNG: EXTREM UNTERHALTSAM!

war begeistert. Und ich? Habe noch nie in meinem Leben so mit einer Entscheidung gehadert. Etwas in mir sagte: Trauerarbeit und Ladeneröffnung zur selben Zeit, das schaffst du nie! Ich sagte ab. Und floh zu meiner Freundin nach Ligurien. Drei Wochen später rief die Vermieterin an: Ich solle es mir noch mal überlegen, sie gab mir Zeit. Auf dem Grundstück meiner Freundin steht ein Johannisbrotbaum aus Madagaskar, ich hatte das Gefühl, er gab mir Kraft. Und nach einem stillen Moment an diesem Baum fällte ich eine Entscheidung, die mein Leben veränderte.

Mit dem vorbehaltlosen ‚Ja' zur Villa öffneten sich dann alle Türen wie von selbst: Mein Körper fühlte sich wieder lebendig an. Auf meinen Städtereisen nach Barcelona, Lissabon oder Amsterdam hatte ich einen ganzen Stapel Notizbücher mit Inspirationen, Ideen und Herstellern schöner Waren gefüllt. Ein paar gute Designhändler in Italien kannte ich noch aus meiner Zeit als Einrichtungsberaterin. Innerhalb weniger Monate füllte ich das Erdgeschoss ‚meiner Villa' mit Kostbarkeiten – und nahm nebenbei noch einen Job als Interior Designerin für ein Café in Sonthofen an. Im Nachhinein ist es Wahnsinn, was ich geschafft habe. Freunde halfen mir beim Etikettieren und Organisieren der Eröffnungsparty. Ich hatte 50 Leute eingeladen, 400 kamen. Es war ein rauschendes Fest, genauso wie ich es mir immer vorgestellt hatte.

Ich will, dass die Menschen zu mir kommen. Als Einrichtungsberaterin ist man irgendwann eher Beziehungscoach als Möbelfachfrau. Hier habe ich kein Schaufenster, und die Hemmschwelle ist relativ hoch – schließlich betreten die Kunden ja so etwas wie eine private Villa. Aber genau das ist meine Strategie: Ich bin ein Geheimtipp. Ich werde empfohlen. Und entweder, ich schaffe es mit Mundpropaganda oder gar nicht. Wer zu mir kommt, will nicht nur etwas kaufen, sondern lässt sich auch gern inspirieren, beglücken, berieseln. Erfolg ist für mich, wenn die Leute hier emotional werden. Ich habe schon Frauen weinen sehen, weil sie so berührt waren von einem bestimmten Fundstück. Eine Tischleuchte vielleicht, die sie an ihre Kindheit erinnert oder an eine andere sorglose Zeit. Ich spüre, dass die Menschen sich hier wiederfinden. Und diese Gefühlsausbrüche machen mich nicht nur glücklich, sondern wirklich reich."

***Lebensräume**: Was zusammenpasst, entscheidet kein Experte. Sondern allein das eigene Gespür, sagt Schoscha.*

***Schneeballsystem:** Auch die Natur fügt sich in Sonjas Wohngemälde. Links garnierte sie einen nackten Zweig mit weißen Papier-Pompons.*

„EINEN WUNSCH ZU VERDRÄNGEN, DAS KOSTET VIEL MEHR KRAFT ALS IHM NACHZUGEBEN.“

RAHMEN VOLLER ERINNERUNGEN

DAS BRAUCHST DU:

- ➳ *Einen mittelbreiten Holzbilderrahmen, etwa 40 x 60 cm*
- ➳ *Küchengarn*
- ➳ *Glücksbringer, geliebte Postkarten, Fotos*

UND SO MACHST DU ES NACH:

STEP 1:

Den Anfang des Küchengarns an einer Seite des Rahmens sehr fest verknoten. Das Garn zur nächstgelegenen Seite des Rahmens spannen und dort nochmals mittig verknoten.

STEP 2:

Garn straff um den Rahmen ziehen und kreuz und quer durch die gespannten Abschnitte fädeln, bis ein Netz entsteht. Öfter die Richtung wechseln und immer wieder strammziehen.

STEP 3:

Zum Schluss Garn abschneiden und fest verknoten. Jetzt das Netz bestücken: Sträußchen, Blüten, Schmuckstücke, Fotos und Glückwunschkarten anbinden oder einklemmen.

„WENN MIR EIN VERTRETER SAGT, DAS VERKAUFT SICH GUT, DANN INTERESSIERT ES MICH NICHT.“

MIMA VINTAGE LÄDCHEN

ANJA SKONIECZNY
30 JAHRE
JOSEPHSTRASSE 40
04177 LEIPZIG
MIMA-LEIPZIG.COM
DI–FR 13–18.30 UHR, SA 12–16 UHR

SCHERBENGLÜCK

Anjas erster Gast heißt Brutus, jeden Tag. Der Nachbarskater inspiziert die Räume, frühstückt und macht es sich genüsslich auf den Holzdielen bequem. Genauso entspannt, sanft und anschmiegsam ist die Stimmung in Anjas Laden. Mima steht für Mischmasch: Porzellan-Unikate, Holzarbeiten, Flohmarktfunde. Hier ist man aus der Zeit gefallen, wenigstens ein paar Augenblicke lang.

.... „Die Liebe zum Handwerk habe ich von meinem Vater. Wir haben ständig zusammen etwas gebaut oder gebastelt. Er ist vor einigen Jahren gestorben, aber mit meinen Einzelstücken aus altem Porzellan mache ich da weiter, wo wir damals in meiner Kindheit aufgehört haben. Nach dem Abi habe ich meinen Master im Immobilienmanagement gemacht, eine Vernunftsentscheidung. Ich hatte ein paar Jobs, ungefähr ein Jahr hielt ich immer durch. Aber ich war entweder über- oder unterqualifiziert, und ich war immer unbequem. Etwas einfach auszusitzen, das fällt mir schwer: Wenn ich Defizite sehe, kann ich meine Meinung nicht verbergen. Deshalb gebe ich auch nicht gern Dinge aus der Hand. Ich denke immer, ich kann es besser. Und irgendwann hatte ich keine Lust mehr, morgens aufzustehen, alles kam mir nur noch wie Zeitverschwendung vor.

Etageren, Nadeldöschen, Tassenkerzen und Seifenschälchen aus altem Porzellan: Alles, was ich heute mache, habe ich mir selbst beigebracht. Ich probiere so lange, bis etwas funktioniert. Für die Porzellan-Etageren muss ein Loch in den Teller; dafür muss der richtige Bohrer her, sonst geht alles zu Bruch. Man braucht Erfahrung und Fingerspitzengefühl, der Anfang war entsprechend frustrierend. Mein Rekord lag bei 20 Minuten für ein Loch, dann ging der Teller trotzdem kaputt. Aber ich lernte mit jedem Fehler. Ich legte mir eine Standbohrmaschine und Diamantbohrer zu und fand ein Mini-Atelier in einem Ladengeschäft. Vorne führte jemand eine Galerie, hinten werkelten eine Modedesignerin und ich. Ich verkaufte meine Produkte online und auf Designmärkten, probierte auch Mietfächer aus, aber ich wollte mein Sortiment ansprechender und sinnlicher präsentieren als in einem Regalfach.

Nach einiger Zeit zog der Galerist aus – der Laden war frei. Mein Moment war gekommen! Meine Großeltern hatten Geld für mich gespart, meine Eltern hatten das fortgeführt. Als ich meiner Mutter von meiner Idee erzählte, stand sie sofort hinter mir. Und das, obwohl ich nie dem entsprochen habe, was sie sich für ihre Tochter vorgestellt hatte: einen klassischen Job, etwas Sicheres mit geregelten Arbeitszeiten und einem Gehalt, das einen ruhig schlafen lässt. Auch mein Freund Martin hat mir Rückenwind gegeben. Ihm habe ich es zu verdanken, dass ich mir überhaupt die Erlaubnis für diesen Laden gab. Außerdem erwartete er mich in der Renovierungsphase zu Hause immer mit einem Power-Abendessen. Er hat gesehen, dass ich Kraft brauche – für seinen Rote-Bete-Salat mit Fisch werde ich ihm ewig dankbar sein!

Mit meiner Freundin habe ich innerhalb von zehn Wochen den Laden und die Teeküche auf Vordermann gebracht, die Tapeten entfernt, die Wände neu verspachtelt, geschliffen und geschraubt. Das Mobiliar kommt vom Flohmarkt, aus Kleinanzeigen oder aus

Blumenmädchen: *Anja liebt Blumen. Ob als Bouquet auf Tapete, auf einer Einkaufstasche vom Flohmarkt oder als Tattoo auf ihrem rechten Unterarm.*

NOSTALGISCHES NADELDÖSCHEN

DAS BRAUCHST DU:

- ➳ *Alte Zuckerdose*
- ➳ *Stoffrest*
- ➳ *Watte*
- ➳ *Dicke weiße Pappe*
- ➳ *Gummiband*
- ➳ *Schere*
- ➳ *Bleistift*
- ➳ *Kraftkleber*

UND SO MACHST DU ES NACH:

STEP 1:
Inneren Deckelrand mit Bleistift schwärzen, auf Pappe drücken und drehen, damit sich die Farbe auf der Pappe abreibt. Deckelrand mit feuchtem Tuch abwischen.

STEP 2:
Kreis aus der Pappe ausschneiden. Stoffrest zuschneiden. Er sollte etwa die achtfache Größe der Pappscheibe haben.

STEP 3:
Watte zum Ball formen und auf den Stoff legen. Pappscheibe auf den Watteball legen und alles mit dem Stoff einpacken. Stoff fest zusammenwringen, sodass ein Pilzkopf entsteht. An der Unterseite straff mit Gummiband umwickeln und festknoten.
Stoff knapp unterm Knoten abschneiden. Pilz mit Kraftkleber auf den inneren Deckelrand kleben. Mit Ausdauer festdrücken! Überschüssigen Kleber mit feuchtem Tuch abwischen.

HÜBSCHE ANHÄNGSEL

SOGAR DIE ETIKETTEN IN ANJAS LADEN SIND KLEINE SCHMUCKSTÜCKE. SIE GESTALTET ALLE SELBST UND LÄSST SIE DANN BEIM PROFI DRUCKEN. VIEL ARBEIT? NEIN, HOHER WIEDERERKENNUNGSWERT!

dem Bekanntenkreis. Wir haben alles im Laden in Eigenleistung erbracht – nur an den Holzboden ließen wir einen Profi ran. Das war ein Fehler: Die Versiegelung trocknete nicht, also verbrachte ich viele Stunden auf den Knien, schliff den Boden wieder ab und ließ ihn neu mit Öl ein. Im Nachhinein hat mich das die meisten Nerven gekostet.

Für meinen Laden drehte ich die Mietfach-Idee ein paar Runden weiter. Neben meinen eigenen Produkten und Flohmarkt-Kuriositäten bietet Mima auch Designs anderer, oft regionaler Künstler an. Sie mieten bei mir eine Ausstellungsfläche, ich bin zusätzlich am Umsatz beteiligt. Das ist mein Konzept. So helfen wir uns gegenseitig, und der Laden bleibt lebendig, weil die Auswahl so heterogen ist. Am Eröffnungstag stand ich dann hinter meinem frisch aufgemöbelten Verkaufstresen: rausgeputzt, aufgeregt, mit einem Kaffeetässchen in der Hand und bereit für meinen allerersten Kunden. So geht es mir heute noch: Bevor ich öffne, schmeiße ich den Laden und mich ins ‚Sonntagskleidchen'. Ich wische den Boden, rücke hier und da etwas zurecht und stelle die rote Gartenbank vors Schaufenster. Dann kommt Brutus, der Kater – und ich weiß: Es wird ein guter Tag."

Detailverliebt: *Viele Etageren aus alten Sammeltassen sind Auftragsarbeiten, oft auch Hochzeitsgeschenke.*

„ICH BIN EIN LEBENS-GOURMET. ICH KANN AUCH AUS KLEINIGKEITEN VIEL KRAFT ZIEHEN."

Tor zur anderen Welt: *Die abgeblätterte Tür im Hintergrund hängt an einer Schiebeleiste und wiederholt die Farbtöne des Interieurs. Dahinter geht es in Anjas Atelier.*

CHARMEOFFENSIVE

Anjas Tipps für sanfte Stimmung

- **Ruhezonen schaffen.** Stell einen bequemen Stuhl, einen Cocktailsessel oder ein süßes Sofa auf. Das entspannt sofort, und deine Kunden bleiben länger.
- **Musik leiser drehen.** Bei mir hört ihr nichts, was die Ohren betäubt oder Fluchtgedanken schürt. Die Musik soll ein bisschen sanft dahinplätschern und für gute Laune sorgen. Meine Lieblinge: die goldenen Zwanziger.
- **Lächeln.** Nichts sagt mehr „Herzlich willkommen" als ein bewusstes Lächeln.

LILLE DRØMME

BARBARA VON DER PREUSS
GEFÜHLTE 21 ODER WEISE 75
PINNEBERGER STRASSE 38
25462 RELLINGEN
LILLEDROEMME.DE
MO–FR 10–13, 15–18 UHR,
SA 10–13 UHR,
MITTWOCH RUHETAG

DER MILDE NORDEN

Seelenpolster gegen das Alltagsgrau: Barbara putzte einen ehemaligen Schafstall zum „hyggeligen“ Kleinod heraus. Hier gibt es nur Lieblingsstücke zu kaufen und dazu eine Prise frisches Design. Alles erzählt von Barbaras Liebe zu Skandinavien: die Auswahl an Landhaus-Accessoires, die besonderen Kleinigkeiten und die Herzlichkeit, mit der die ehemalige Holzkauffrau ihre Kunden empfängt. Lille Drømme – der kleine Traum von der großen Landliebe.

GEL(I)EBTE LANDLUST

Wohnküche, gedeckter Tisch, beglückte Kunden: Gastfreundschaft ist nicht nur Teil des Businessplans, sondern gehört zu Barbaras Persönlichkeit. Obst und Käse liefert der Hofladen nebenan.

Reiche Ernte: *Barbara hat kein Lager, aber sie machte aus der Not eine Tugend. Die Üppigkeit gehört zum Konzept.*

„ICH BIN EIN OLDSCHOOL-MÄDCHEN. AM LIEBSTEN WÜRDE ICH MEINE WARE NOCH ABWIEGEN!"

.... „Wer hierher kommt, liebt das Gespräch. Und die Ruhe. Und das charakteristische ‚Mäh'. Mein Geschäft war nämlich früher ein Schafstall. Und die Kühe vom Nachbarn konnten bis zwei Wochen vor Eröffnung ihre Köpfe durch die kleine Stalltür stecken. Was hatten wir für herrliche Gesichter während des Umbaus! Eine sehr liebe Beraterin im Arbeitsamt hat mir den Traum vom eigenen Laden, überhaupt von mehr Selbstständigkeit, entlockt. Ich war gerade meinen Teilzeitjob losgeworden. Ich hätte mich nie getraut, diesen Wunsch auszusprechen. Sie aber sagte laut und deutlich: ‚Machen Sie nur, Sie haben das Zeug dazu!' Das war wie eine Befreiung: endlich Entscheidungen treffen dürfen! Mich selbst ernst nehmen! Mich beweisen können!

Im September 2015 kündigte mir überraschend mein Ladenvermieter, und ich musste mit meinen ‚Kleinen Träumen' umziehen. Zum Glück funktionierte mein Netzwerk an Kunden und Freunden. Alle halfen zusammen – und so kam ich an das Beste, das mir passieren konnte: in die wunderschöne Anlage des Rellinger Hofladens. Ich hatte nur vier Wochen Zeit, den Schafstall in eine nordische Trauminsel zu verwandeln. Das Wichtigste war mir, die Natürlichkeit zu bewahren. Die Deckenbalken, die alten Stallfenster, alles musste ursprünglich bleiben. Es war ein einfacher, großer Raum mit Stalltüren. Ich ließ den Betonboden an einigen Stellen

MEMOBOARD-LEITER

DAS BRAUCHST DU:

- *Alte Holzleiter (vom Flohmarkt)*
- *Marmeladengläser mit Deckel, Ösenhaken*
- *Reagenzgläser, Garderobenhaken, Klemmen, Juteschnur, dicken Bindfaden*
- *Holzwäscheklammern, Holzleim*
- *Akkuschrauber und Bohrmaschine*

UND SO MACHST DU ES NACH:

STEP 1:
Mit der Bohrmaschine Marmeladengläserdeckel durchbohren. Dafür das geschlossene Glas auf einer Sprosse aufsetzen. Deckel (ohne Glas) an der Unterseite einer Sprosse anschrauben, Glas zuschrauben.

STEP 2:
Eine weitere Leitersprosse mit Juteschnur umwickeln, dafür Holzleim auf die Sprosse auftragen. Am Holm auf beiden Seiten Haken einschrauben, Band durchziehen, Klemmen und Reagenzgläser auffädeln.

STEP 3:
Garderobenhaken seitlich an einen Holm der Leiter bohren, Wäscheklammern einseitig mit Holzleim bestreichen und am anderen Holm fixieren. Alles mit hübschen Kleinigkeiten bestücken.

BARBARAS SCHLAUE SCHLÜSSELFRAGEN, DIE DU DIR VOR DEM START STELLEN KÖNNTEST.*

- Zieht deine ganze Familie mit?
- Reicht dein Budget – auch über eine lange Durststrecke hinweg?
- Liebst du, was du vorhast, von Herzen?
- Kannst du vor Glück und Vorfreude manchmal nicht einschlafen?
- Wachst du morgens auf und möchtest sofort loslegen?

*Mindestens 3-mal mit „Ja!" geantwortet? Dann fang an!

Cosy Country: *Große Fenster und klug gesetzte Stehlampen rücken Barbaras Landhaus-Accessoires ins rechte Licht.*

ausbessern und eine kleine Küche einbauen. Das neu verlegte Holzdeck beschert mir eine bessere Raumaufteilung. Es gibt keine Heizung, aber mein dänischer Bollerofen bringt mehr Atmosphäre als tausend Kerzen. Da ich nach der Schule eine Ausbildung als Tischlerin angefangen hatte, konnte ich selbst mit anpacken. Für Elektrik, Sanitär und die Dämmung des Daches haben wir Profis ans Werk gelassen. Das spart Nerven, denn Reparaturen während der normalen Öffnungszeiten stressen mehr als alles andere.

Ich gebe zu, bei den Umbauten stieß ich häufig an meine Grenzen. Ich wollte abends einfach nur noch hören: ‚Leg die Füße hoch und ruh dich aus!' Nur: Das klappt leider nicht immer. Ich bin Mutter von zwei Kindern, Ehefrau, Tochter – und wollte es immer allen recht machen. Inzwischen bin ich gelassener. Manchmal stehe ich vor Kunden und möchte am liebsten laut loslachen. ‚Bei Ihnen zu Hause muss es wunderschön aussehen!', sagen sie. Ich schmunzle – und bleibe ganz ehrlich: ‚Nein. Ich habe seit drei Tagen nicht aufgeräumt. Die Wäsche türmt sich hinter der Badezimmertür, der Kühlschrank ist leer, die Fenster sind dreckig, und zum Staubsaugen fehlt mir die Zeit.'

Meine Kinder sind toll, und sie sind stolz auf mich. Klar, manchmal fehle ich, manchmal nerve ich. Aber dann gibt es Momente, in denen wir so intensiv zusammen sind, wie früher nie. Diese Zeit, diese gemeinsamen Augenblicke genieße ich jetzt ganz bewusst. Auch meine Ehe wurde durch den Laden auf die Probe gestellt. Doch mein Mann steht hinter mir, wir teilen uns den Haushalt. Er hat Respekt vor meiner Energie – auch wenn er manchmal merkt, wie viel auf ihm lastet. Ich weiß, dass er zu kurz kommt. Alles in allem spürt er meine Liebe zum Laden, er sieht meine Entschlossenheit und den Anspruch, immer für jeden da zu sein, mich aber trotzdem nicht verbiegen zu lassen. Er ist mein bester Ratgeber und analysiert die Dinge mit Abstand und herrlich emotionslos, während ich alles mit Gefühl verbinde.

Und mit Nostalgie: Ein gewöhnlicher Onlineshop zum Beispiel ist mir zu nüchtern. Bei mir wird die Ware auf sehr persönliche Art versendet. Am liebsten aber möchte ich Menschen um mich haben. Täglich neue. Fremde, die zu Freunden werden. Kinder, die mit mir mit den Mäusen flüstern. Wenn ich mal wieder durchhänge, schaue ich auf mein Küchenfenster im Laden. Hinter dem Fenster klebt ein Bild. Es zeigt meinen heiligsten Ort auf der Welt: den Ausblick aus einem Ferienhaus in Dänemark. Diesen Blick sog ich Sommer für Sommer auf. Der Norden, dieses Licht, die Weite, das ‚Mäh!'. Dieses Foto entspannt mich sofort. Weil ich da auf meine Herzensheimat schaue."

STRANDVEJ
NYHAVN
LØKKEN
Velkommen
TAKE TIME
lille drømme
medfører
Hotel

TRAUMKUCHEN
DIESES REZEPT FINDEST DU AUF SEITE 188

ALTE STALLTÜREN, VIEL HOLZ UND EIN BETONBODEN, AUF DEM FRÜHER DIE SCHAFE SCHLIEFEN: DIE PERFEKTE KULISSE FÜR NORDISCHE BEHAGLICHKEIT.

UNSER ONKEL STORE

DIANA & JANINA BÖHM

60 UND 30 JAHRE

NELKENSTRASSE 17
76135 KARLSRUHE
UNSERONKEL.COM

MO–FR 11–18.30 UHR, SA 10–16 UHR

BEZIEHUNGS-BÜHNE

Unser Onkel trägt Monokel, Moustache und scheint zu schmunzeln: über die Auswahl, die Diana und Janina Böhm unter den 4 Meter hohen Decken präsentieren. Über Kunden, die zielstrebig auf die Bioschokolade ganz hinten im Laden zusteuern. Und über die Tatsache, dass es so etwas Gutes noch gibt: das Mutter-Tochter-Duo hat mit seinem Concept Store ein modernes Pendant zum Tante-Emma-Laden geschaffen – grafisch-illustrativ, klar und dennoch unwiderstehlich weiblich.

.... „Wenn es ruhig ist, sitzen wir manchmal nachmittags auf den Holzstufen. Atmen durch, schauen in den Raum und freuen uns an dem, was wir da geschaffen haben. Meine Tochter und ich. Wir sind es gewohnt, die Dinge selbst in die Hand zu nehmen. Ich bin Grafikdesignerin und hatte jahrelang eine eigene Werbeagentur. Dann gab es nach fast zehn Jahren gemeinsamen Arbeitens Meinungsverschiedenheiten, die zur Trennung von meiner damaligen Geschäftspartnerin führten. Der Neustart mit fast Mitte fünfzig war meine größte Herausforderung. Ich wollte nicht noch einmal die Knochenmühle einer Agentur von Neuem aufbauen. Doch im Nachhinein war die Agenturarbeit die ideale Schule, denn sie erzieht dich zur Disziplin. Ich bin gebrieft, schnell und strukturiert zu arbeiten und möglichst keine Fehler zu machen. Meine Tochter Janina wurde quasi mit dem Stift in der Hand geboren. Sie schleppte ihre Zeichensachen überallhin mit. Ihren Barbiepuppen bastelte sie Kleider aus Papiertüchern oder Stoffresten. Sie wollte etwas Kreatives machen, ob Mode-, Möbel- oder Produktdesign. Schließlich landete sie bei der Illustration und studierte Illustration und Animation im niederländischen 's-Hertogenbosch und Breda. Ihr eigenes Papeterie-Label zeigt ihren kompromisslosen Anspruch: Das Druckverfahren für ihre Produkte ist klimaneutral, und sogar die Druckfarben sind mineralölfrei. Hier im Laden führen wir den Nachhaltigkeitsgedanken konsequent fort.

Mit meiner Tochter ein Geschäft zu führen, fühlt sich perfekt an. Wir stehen uns sehr nahe, haben ähnliche Interessen und setzen volles Vertrauen ineinander. Eine bessere Basis kann es gar nicht geben. Als wir mit der Idee unseres ersten Concept Stores in Köln, damals vor vier Jahren rausrückten, rannten wir allerdings gegen eine Wand aus Vorurteilen. Der Bänker meinte, Geschenkeläden gäbe es schon genug, und beim zweiten Store in Karlsruhe hieß es dann ‚Ausgerechnet in Karlsruhe? Die Leute verstehen euer Konzept doch gar nicht!' Dabei haben wir das ideale Umfeld: zum Beispiel die Hochschule für Gestaltung, das ZKM oder den Südwestrundfunk Baden-Baden.

Tatsächlich ist unser Laden nicht in drei Worten zu beschreiben. Wir bieten Design, das den Entdeckergeist in unseren Kunden weckt. Das wirklich neu, nachhaltig und auch noch grafisch-illustrativ ist. Die Leute finden hier Dinge, die es sonst nirgendwo gibt. Einige Produkte stammen aus Janinas eigener Kollektion, sie führt auch noch das Atelier und den Onlineshop in Köln. Unser Laden bildet viel von unserer Persönlichkeit ab, er zeigt unsere Einstellung den Dingen gegenüber. Wir schätzen und achten andere Designer und Künstler, einfach weil wir selbst aus der Branche kommen. Unsere Produkte müssen wertig in Szene gesetzt werden, fast wie in einer Galerie.

Ein Altbau wie der unsere, mit hohen Decken und großen Fenstern, ist dafür die ideale Bühne. Das Gebäude von 1899 hat schon viele Läden kommen und gehen sehen – darunter eine Metzgerei, ein Schreibwarengeschäft und einen Bioladen. Wir haben alles von Grund auf saniert. Das hieß: erstmal raus mit dem dunkelbraunen Terrakottaboden. Darunter warteten die wunderschönen,

ENTFALTUNGSRAUM

Diana und Janina sind bei der Auswahl ihres Sortiments immer konsequent. Und fragen sich mit jedem Stück: „Passt das zu uns?"

GRAFISCHES BUTTERMILCH-KUNSTWERK

DAS BRAUCHST DU:

- *Buttermilch*
- *Bilderrahmen mit Glasscheibe*
- *Farbigen Karton in entsprechender Größe*
- *Pinsel oder Schaumstoffrolle*
- *Schere*
- *MaskingTape*

UND SO MACHST DU ES NACH:

STEP 1:

Gewünschtes Muster auf die Glasscheibe kleben. Das Glas muss staub- und fettfrei sein! Tape nochmals fest mit Daumen oder Zeigefinger fixieren.

STEP 2:

Buttermilch auftragen: mit Pinsel oder Rolle in mehreren dünnen Schichten. Zwischendurch immer wieder trocknen lassen, dafür z.B. einen Fön benutzen.

STEP 3:

Die letzte Schicht nun quer überstreichen. Nochmals gut durchtrocknen lassen. Tape abziehen, farbigen Karton anlegen und den Rahmen schließen.

Toll: Buttermilch als Farbe? Klingt erstmal komisch. Janina kennt die raffinierte Deko aus ihrer Studentenzeit in Holland. Dort hübscht man damit auch Schaufenster oder Spiegel auf. Buttermilch riecht nicht und lässt sich einfach mit Wasser abwaschen.

ursprünglichen Holzdielen. Die dunkelgelben Wände ließen wir verspachteln und haben sie dann, ebenfalls in Eigenarbeit, Weiß gestrichen, auch die Elektrik musste neu verlegt werden. Es war ein Bauchaufschwung! Fast sechs Monate werkelten wir Tag und Nacht mit sehr viel Unterstützung aus der Familie. Aber: Wir sind beide Macher. Und wir sind hart im Nehmen. Als die Handwerker nicht in die Puschen kamen, habe ich den Laminatboden im Eingangsbereich kurzerhand selbst mithilfe meines Bruders verlegt. Ich schaute mir im Internet an, wie das geht, und habe einfach angefangen.

Ich glaube, darum geht es im Grunde: einfach anfangen. Wenn wir alle zwei bis drei Wochen die Ware neu dekorieren, kommen die Kunden und sehen lauter neue Highlights. Nur weil wir die Perspektive geändert haben. Wir hören oft, dass der Laden eine positive Wirkung hat, dass er beruhigt und entspannt. Das ist das beste Kompliment, das wir bekommen können. Es gibt immer wieder Männer in unserem Leben. Aber wehe, sie mischen sich ein! Wenn Besserwisser-Sätze kommen wie ‚Ihr müsstet das so und so machen …' oder ‚Warum habt ihr nicht längst …', schalten wir auf Durchzug. Denn dieser Store, der ist ganz allein unser Ding."

„STOPF DEINE FLÄCHE NICHT MIT WARE VOLL! ÜBERSICHTLICHKEIT IST VIEL MEHR WERT. DEINE KUNDEN WOLLEN ATMEN KÖNNEN!"

Ein Laden zeigt Gesicht. *Als Grafikdesignerinnen entwarfen Janina und Diana ihr Logo natürlich selbst: „Wir setzen es überall ein: auf den Schaufenstern, dem Kassenbon, den Einkaufstüten, den Gutscheinen, in Anzeigen und Flyern. Und selbstverständlich auch auf unserer Homepage.“ So ist der gute Onkel inzwischen ein alter Bekannter, weit über Karlsruhe hinaus.*

Formenvielfalt: *Das schwarze Ornament ist ein Wandtattoo, die gelochte Holzwand (rechts) ein Eigenbau.*

Wohngalerie: *Der Stahlträger war früher mit Rigips verkleidet. Er wurde freigelegt und mit Brandschutzfarbe lackiert. Die schicken Lochplatten des Tresens sind Schrankrückwände aus dem Baumarkt.*

MONKIND X GRETAS SCHWESTER STUDIOSTORE

VALERIA POPOV & SARAH NEUENDORF

28 UND 27 JAHRE

CRELLESTRASSE 3/4, 10827 BERLIN

MONKIND.COM, GRETASSCHWESTER.COM

MO–FR 10–18 UHR, SA 11–16 UHR

FAMILIENBANDE

Valeria und Sarah hatten genug davon, ihre Kindermode und Illustrationen allein über Händler und online zu vertreiben, sie wollten mehr Kontakt zu „echten Menschen". Mit ihrem Studiostore haben sie die perfekte Lösung gefunden: im Laden beraten sie ihre Kunden, in den angrenzenden Ateliers gehen sie getrennt voneinander in Kreativ-Klausur. Und in der Mittagspause? Wird zusammen gekocht, wie in einer richtigen Wohngemeinschaft.

Raum zur Entfaltung: *Wenn man einem Material treu bleibt, wirkt die Inszenierung sofort stimmig. Valerias Partner Stewart baute Podeste, Regale und Tresen aus Schichtholzplatten.*

Sarah zeichnet nicht nur Auftragsarbeiten: *Für ihre Kollektion lässt sie auch Kissen und Blechtassen mit ihren reduzierten Naturmotiven bedrucken.*

HIER LASSEN SICH VALERIA UND SARAH FÜR DEN STUDIOSTORE INSPIRIEREN

- pinterest.com
- herzundblut.com
- freundevonfreunden.com

***Bodenschatz:** Auf dem Kelim machten die Kinder von Valeria und Stewart ihre ersten Schritte. Die Kleiderständer sind selbst gemacht, aus Rohrverbindungen und Rundstäben.*

………………… „Eigentlich war es Zufall, dass wir uns kennenlernten. Ich bin freie Illustratorin und schaute mit meinen Glückwunschkarten und Notizbüchern in Valerias damaligem Kindermodeladen vorbei. Ich wollte ihr meine Arbeiten zeigen. Und hoffte ganz bescheiden darauf, dass sie zwei, drei Karten bestellen würde. Sie schaute sich die Sachen an – und kaufte sofort die ganze Kollektion. Wir verstanden uns auf Anhieb, und mit der Zeit entwickelte sich eine Freundschaft. Valeria kam fast jeden Tag auf dem Weg zur Arbeit an meinem Fenster vorbei. Ich war froh um eine Pause, wir tauschten uns aus, ich empfahl ihr einen Fotografen für ihr Mode-Shooting. Wir haben beide nicht wirklich nach einem Laden gesucht, aber wir wollten uns verändern. Jede von uns aus unterschiedlichen Gründen: Valeria und ihr Mann Stewart suchten in erster Linie ein Lager, sie wollten sich mit ihrem Kindermode-Label ‚Monkind' vergrößern. Und ich suchte nach der vielen Schreibtischarbeit in meiner eigenen Wohnung neue Kollegen. Ich war hungrig nach anderen Menschen, nach Kontakten. Ein Laden, das hieß, ich würde endlich die unmittelbare Reaktion der Leute auf meine Produkte sehen: Ich vertrieb meine Illustrationen bis dahin über meinen Onlineshop, Valeria lieferte schon an viele Händler in ganz Europa.

GUTER TRICK, DEN LADEN ATTRAKTIV ZU MACHEN: MIT EIN PAAR KINDERSPIELSACHEN UND EINEM GEMÜTLICHEN SESSEL ZUM STILLEN.

STIMMUNGSVOLLES WANDOBJEKT

DAS BRAUCHST DU:

- *3 Kupferrohre, Durchmesser 5 mm (vom Baumarkt oder Fachhandel, z.B. von Modulor)*
- *Baumwollgarn (vom Nähladen), lange Nadel mit großem Nadelöhr*
- *Schere, Kupferdraht*
- *Blüten und Grünzeug*

UND SO MACHST DU ES NACH:

STEP 1:

Garn einfädeln und nacheinander durch alle drei Stäbe führen. Dafür das Rohr immer wieder auf eine harte Unterlage klopfen, damit die Nadel nach unten rutscht.

STEP 2:

Rohre zu einem Dreieck legen. Fadenenden verknoten und abschneiden.

STEP 3:

Blütenstiele und Äste an eines der Rohre halten und an verschiedenen Stellen mit dem Draht umwickeln.

„UNSERE ZAUBERFORMEL FÜR GRÜNDERINNEN: MUT HABEN, DRANBLEIBEN, AN SICH GLAUBEN.“

SELBST GEMACHTE LIMONADE

DIESES REZEPT FINDEST DU AUF SEITE 189

Ganz allein einen Laden zu eröffnen, das wäre für mich keine Option gewesen. Allerdings ist so eine Verbindung wie die unsere rechtlich schwierig und eigentlich gar nicht vorgesehen: Valeria und Stewart sind eine ‚Gesellschaft bürgerlichen Rechts', ich bin selbstständig. Wir saßen vor den Formblättern und dachten: ‚Wir lassen es lieber.' Es gibt so viele Regeln, sogar unser Steuerberater musste ständig dazulernen.

Uns aber war klar: Menschlich funktioniert es zu 100 Prozent. Wir kommen uns nicht in die Quere, weil wir so unterschiedlich sind. Und als wir dann das erste Mal in den Räumen standen, waren wir beide unfassbar aufgeregt. Valeria sah mir an, dass ich den Laden genauso toll fand wie sie selbst. Dieses Licht, die Stuckdecken und die Treppen in die Hinterzimmer! Valeria, Stewart und ich. Für jeden ein Arbeitsraum, der Grundriss ist wie geschaffen für uns. Früher war hier ein Büro untergebracht, der Vermieter hatte alles renovieren lassen. Wir brauchten unser Spielfeld nur noch mit selbst gebauten Möbeln bestücken.

Die erste Zeit nach der Eröffnung war dennoch hart für mich. Ich brauche Ruhe und Rituale, um kreativ zu sein. Aber ich hatte Skrupel, mich mit meiner Tasse Earl Grey und Hörbüchern in mein Zimmer zurückzuziehen, so wie zu Hause. Ich hatte so sehr auf den Moment hingearbeitet, endlich Kollegen, einen Laden und Kontakt zu netten Leuten zu haben. Und jetzt vermisste ich die Intimität. Valeria ging es wahrscheinlich ähnlich. Manchmal kommt sie heute noch nachts in den Laden und genießt die Stille beim Arbeiten. Die Fläche unten, das ist unser gemeinsamer Spielplatz. Manchmal hören die Kunden hinten die Nähmaschine rattern oder mich mit meinen Auftraggebern telefonieren. Die Hinterzimmer sind unsere Rückzugsorte, im vorderen Raum vereint sich alles. Ihre Mode und meine Illustrationen, das passt perfekt zusammen: Auf einige ihrer Stoffe hat Valeria Dessins von mir drucken lassen. Einen Tiger, ein feines Musternetz in Schwarzweiß. Wenn ich die Strampler, Schals und Mäntel hier auf den selbst gebauten Möbeln hängen sehe, bin ich glücklich: Weil ich spüre, wie sich unsere Kreativität im Laden ideal vereint."

Blickfang: *Die Sale-Schilder sind selbst gemacht: mit aufgebügelter Transferfolie auf dickem Stoff.*

Fanpost für Sarah: *„Neulich bekam ich ein Bild von einer frischgebackenen Mama zugeschickt, auf dem ihre kleine Tochter mit einem meiner Kuscheltiere zu sehen war. Da bin ich vor Stolz fast geplatzt."*

VALERIAS GROSSE IDEEN FÜRS KINDERZIMMER

- **Sammelstelle.** Unansehnliches Spielzeug verschwindet in hübschen Körben aus Naturmaterial.
- **Setzkasten.** Ein paar Holzkisten an die Wand schrauben und darin kleine Kunstwerke oder schöne Kuscheltiere ausstellen.
- **Polsterlandschaft.** Schaumstoffmatratzen mit unterschiedlichen Stoffen beziehen, unterm Bett parken und bei Bedarf zum Toben oder Kuscheln herausholen. So ist auch immer genug Platz für kleine Übernachtungsgäste!

Rückzugsinseln:
In ihrem angrenzenden Büro vertieft sich Sarah in die Arbeit. Sie illustriert für verschiedene Verlage und Magazine, gern bei offenem Fenster, noch lieber mit Hörbuch. Als Moodboard dient ihr eine angelehnte Schichtholzplatte.

Reisenotizbücher, Glückwunschkarten, und stapelweise Kinderposter: Sarahs Lagerregal zeigt ihren Sinn für Ordnung und Ästhetik.

Valeria zieht sich zum Entwerfen in ihr Atelier in den hinteren, privaten Teil des Ladens zurück. Die Kunden lieben das Geräusch ihrer ratternden Nähmaschine.

MEIN HERZBLUT

CHRISTINA KRONAWITTER
39 JAHRE
SIMON-HÖLLER-STRASSE 19
94315 STRAUBING
MEINHERZBLUT.COM
MI–FR 11–18 UHR, SA 10–14 UHR

TRACHTEN-
FREISTIL

„Tu, was dein Herz dir sagt." Die Worte ihrer Mutter hat Christina verinnerlicht. Sie sattelte vom Keramikhandwerk auf Modedesign um und bewegt sich heute mit ihrer Trachtenkollektion aus Retrostoffen zwischen cooler Streetwear und uriger Nostalgie. Ein Drahtseilakt, vor allem im traditionsreichen niederbayerischen Straubing. Ihr Stil ist sensibel und wild zugleich, ihre Art polarisiert – und zieht viele Kundinnen an. Die Fangemeinde wächst, auch die Bürgermeistersgattin gehört dazu. Eine Heimatgeschichte.

***Bauchgefühl:** Bei diesem Laden wusste Christina sofort: Das ist er. „Ich stand mitten im Raum und fühlte mich ganz gegensätzlich: angekommen und aufgeregt." Früher war hier das Büro des Maurervereins untergebracht, die Designerin musste nichts renovieren. Nur noch eine Wand tapezieren, möblieren – und einziehen.*

.... „Ich bin schon auf der Keramikerschule aus der Reihe getanzt – da kam ich in kurzer Lederhose an. Ich wollte auffallen – und das ist mir gelungen. Mein erstes Geschäft habe ich als Keramikermeisterin eröffnet, in der Straubinger Rosengasse. Ein winziger Raum mit selbst eingebautem Kachelofen. Ich habe diesen Laden geliebt, vielleicht auch, weil es mein Start ins Business war. Allerdings: Heutzutage gibt kein Mensch mehr 30 Euro für eine handgearbeitete Tasse aus, ich musste mir was Neues einfallen lassen. Im Nachhinein bin ich froh, dass ich auf Mode umgestiegen bin. Die Arbeit mit Keramik schluckt jede Menge Zeit, und Geduld gehört nicht gerade zu meinen Stärken. Ich bin schlecht im Stillhalten, mein Hirn ist Tag und Nacht kreativ. Ich wollte schon als Kind Künstlerin werden und habe aus Holz, Papier und Nägeln meine eigenen Puppen gebastelt. Ich bin handwerklich begabt. Und ich habe Biss. Beides merkt man meinen Kollektionen an.

Angefangen habe ich damit 2006, noch in meinem ersten Laden: Ich schnitt drei simple Motive aus alten, gemusterten Stoffen aus und nähte sie von Hand auf einfarbige T-Shirts. Der Schriftzug ‚Bier. Brez'n. Liebe.' war geboren. Tracht für Einsteiger sozusagen und sofort ein Bestseller. Inzwischen bin ich in ein größeres Ladengeschäft gezogen, aber die Shirts verkaufe ich immer noch. Sie sind sowas wie Glücksbringer für mich. Meine ersten Dirndl nähte ich aus einer bunten Bettwäsche, die ich auf dem Flohmarkt gefunden hatte. Dann kaufte ich Lagerbestände aus den Siebzigern auf und ließ sie von einer Schneiderin verarbeiten. Auch wenn ich meine Retrostoffe heute vor allem von Messen mitbringe, der Grundgedanke ist der gleiche geblieben: alle Dirndl sind limitiert. Und ich mache immer noch ganz viel selber: das Design für die Kleider, Röcke und Blusen, den Onlineshop, das Konzept und die Fotoshootings für meine Booklets, ich schminke und frisiere sogar die Models!

Im Laufe der Zeit bin ich auch Profi im Verkaufen geworden. Ich sehe innerhalb von Sekunden, was einer Kundin stehen könnte und was nicht. Auch, was sie mag – und was nicht. Es ist trotz

__Bayerische Originale:__ Die Granitwand ist Teil des denkmalgeschützten Hauses und eine urige Kulisse – für Dirndl und Trägerin.

jahrelanger Erfahrung noch so: Manche Stücke verkaufen sich einfach nicht so gut wie gedacht. Ein Risiko, denn ich habe nur rund vier Monate Hochsaison, vor allem dann, wenn die Volksfestzeit beginnt. In Straubing feiern wir einmal im Jahr das Gäubodenfest, eines der größten Volksfeste in Bayern, mit Bierzelten, riesigem Rummelplatz und rund 1 Million Besucher. Viele kommen von auswärts, es ist ein Sehen und Gesehenwerden. Und eine Traditionsveranstaltung. Da schadet es nicht, die Tracht ein bisschen zu verfremden oder zumindest aufzufrischen: Eigens dafür habe ich vor einigen Jahren einen Straubing-Stoff entworfen, mit dem Stadtturm und tanzenden Mädchen drauf. Die Dirndl waren hier sehr gefragt, sogar die Frau des Bürgermeisters hat eins gekauft. Inzwischen bin ich kompromissloser. Mein neuester Coup sind Kutten-Dirndl mit Heavy-Metal-Motiven: Tracht aus Jeansstretch-Stoff mit Ketten, Nieten und Aufnähern von Rock-Idolen, von Iron Maiden über Kiss bis Metallica. Genauso verrückt und wild wie ich selber.

Was ich in letzter Zeit oft vermisse, ist Wertschätzung: Kaum jemandem ist bewusst, wie viel Arbeit und wie viel Herzblut in so einem Dirndl steckt. Wie viel Zeit, Geld, Mühe, Zweifel und Kreativität ich investiert habe, bis dieses Kleid hier im Laden hängt. Das ärgert mich. Kann sein, dass ich deshalb manchmal arroganter rüberkomme, als ich wirklich bin. Aber ich mag mich nicht verbiegen. Klar habe ich Angst, dass ich eine Kollektion mache, die dann niemandem gefällt. So geht es jedem Designer. Wenn es hart auf hart kommt, fahr' ich zu meinem ‚Gustl'. Ein brauner Irish Tinker, mein Reitpferd, zwölf Jahre alt. Dann schwing' ich mich in den Sattel und galoppiere los. Über die Wiesen. Weg von allem. Diese Freiheit hilft mir. Immer."

„ICH BIN SELBST MEINE BESTE WERBUNG. UND ICH TRAGE BEI MIR IM LADEN NUR KLEIDER AUS MEINER EIGENEN KOLLEKTION."

GROSSMUTTERS APFELKÜCHERL

DIESES REZEPT FINDEST DU AUF SEITE 190

FESCHES TRACHTENARMBAND

DAS BRAUCHST DU:

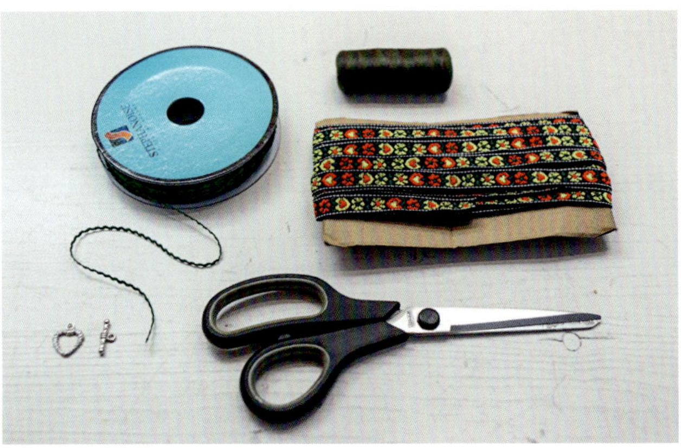

- *Trachtenborte (Flohmarkt)*
- *Knebelverschluss (zweiteilig)*
- *Zickzacklitze (gibt's im Kurzwarengeschäft)*
- *Schere*
- *Nähgarn*

UND SO MACHST DU ES NACH:

STEP 1:
Borte dreimal locker ums Handgelenk schlingen. Zwei Stücke in entsprechender Länge abschneiden. Für den Knebelverschluss zwei etwa 4 cm lange Stücke Zickzacklitze zuschneiden.

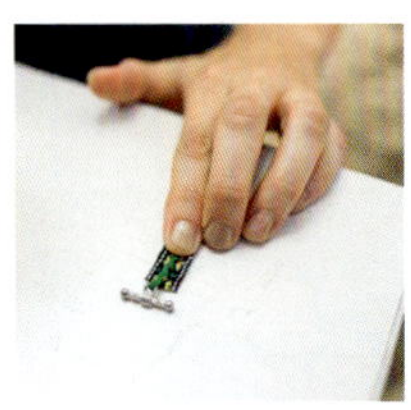

STEP 2:
Bortenenden umklappen und festnähen, damit sie nicht ausfransen.
Beide Zickzacklitzen je in einen Knebelverschluss fädeln und die Enden an den Enden der Borte festnähen.

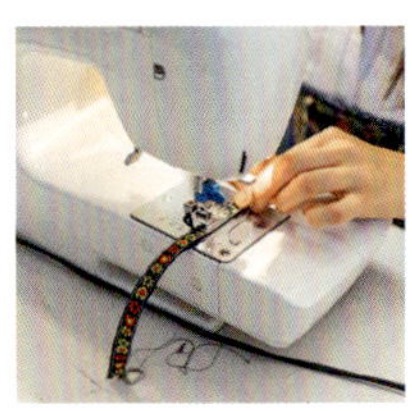

STEP 3:
Beide Borten aufeinanderlegen und an den äußeren Kanten zusammennähen. Am Knebelverschluss jeweils noch eine Quernaht setzen.

Auf dem Dirndl „Agnes“ tanzen zwei Mädchen um den Stadtturm, daneben ließ Christina das Stadtwappen von Straubing auf den Stoff drucken. Mit Erfolg: Dieses Modell trägt sogar die Bürgermeistersgattin.

CHRISTINA VERRÄT: SO ZIEHST DU KUNDEN IN DEINEN LADEN

Bastle ein Empfangskomitee für deine Kundschaft: Roll den Kleiderständer raus und rück die Schaufensterpuppe dazu. Hast du noch einen roten Teppich? Dann raus damit! Auch gut: etwas Auffälliges, aber Artfremdes vor den Laden stellen. Bei mir ist das ein beinah lebensgroßes Kunststoff-pony, das ich pink angemalt habe. Viele Leute lassen sich sogar darauf fotografieren! Dann dreh die Musik auf und schau, was passiert!

LAVANDA

BARBARA BLASER & AZRA DUGUMOVIC
36 UND 39 JAHRE
HUNYADIGASSE 2, CH-3400 BURGDORF
LAVANDA.CH
FR 10–11.30 UHR, 13.30–17 UHR,
SA 10–16 UHR

SCHWEIZER GENUSSECKE

Zwei Emmentalerinnen auf der Spur des guten Geschmacks: Barbara Blaser und Azra Dugumovic nehmen ihre Kundschaft mit auf kulinarische Weltreise. Es geht durch die Schweiz, nach Spanien, Frankreich und Italien. Die Freundinnen sind Genussmenschen und exzellente Gastgeberinnen. Es sei denn, man unterschätzt sie …

„ICH KENNE AZRA SO GUT, DASS ICH SCHON AN IHREM GANG ERKENNE, WIE ES IHR GEHT.“

Macht Appetit: *Schaufenster und der Warentisch im Laden haben immer ein gemeinsames Thema. Hier trägt ein Rankgitter aus dem Baumarkt die neuesten Grillartikel.*

.... „Der Beamte vom Handelsregisteramt Bern schaute uns an: ‚Solche wie euch habe ich hier jeden Tag sitzen. In einem Jahr sehen wir uns wieder, bis dahin habt ihr euch sicher getrennt.‘ Ein Hammer, oder? Der traute uns einfach nicht zu, dass wir zusammen einen Laden aufziehen können. Wir kennen uns seit 15 Jahren, und ein eigenes Geschäft, das war von Anfang an unser gemeinsames Ziel. Zuerst wollten wir eine Bar eröffnen oder ein Café, doch erschienen uns die Arbeitszeiten nicht so familienfreundlich. In jedem Fall sollte unser Laden etwas mit Genuss zu tun haben. Wir haben immer gern Essenskörbe zu Geburtstagen verschenkt, also kamen wir auf Feinkost. Wir machten uns schlau: Was genau brauchen wir, um unseren Traum zu verwirklichen? Welches Sortiment nehmen wir auf, und wo bekommen wir es her?

Lavanda, das heißt gleich in mehreren Sprachen Lavendel und klingt schön international. Ursprünglich war der Plan, nur mediterrane Leckerbissen anzubieten. Ich weiß noch, wie wir auf der Gastromesse in Zürich zum ersten Mal Feigensenf probierten. Himmlisch! Inzwischen führen wir auch besondere regionale Produkte, weil es bei uns einfach so viel Unverwechselbares gibt: wie zum Beispiel unser Bier, das sogar hier am Ort gebraut wird. Wir fuhren mit offenen Augen durchs Emmental und klopften bei den Hofläden, Käsereien und Mühlen an. Wir kaufen nur Kleinstmengen, so bleibt unser Angebot exklusiv. Alle unsere Schweizer Lieferanten kennen uns persönlich, und unser Bäcker ist so flexibel, dass er einige Produkte nur für ‚Lavanda‘ backt.

Wir sehen uns heute natürlich als Unternehmerinnen – anders als die Angsthasen, als die wir anfingen. Wir hatten schlaflose Nächte, bevor wir bei unserer ehemaligen Chefin anklopften. Wir brauchten ja ihr Okay, dass wir neben unserer Festanstellung im Gastronomiebetrieb noch einen eigenen Laden eröffnen durften. Wir waren so nervös! Aber sie bestärkte uns: ‚Das passt zu euch! Warum habt ihr das nicht schon viel eher gemacht?‘ Ihre Meinung hat uns zusätzlich Auftrieb gegeben. Schon immer wollten wir in dieses Häuschen in der Hunyadigasse, ein ehemaliges Versicherungsbüro. Der Makler schickte uns Blumen zur Eröffnung, ein anderer Makler, der uns unsere Lagerhallen vermittelt hatte, ist inzwischen unser Stammkunde.

Manchmal unterschätzen wir uns eben. Aber umgekehrt werden wir auch von vielen anderen unterschätzt. Auf einer Gourmetmesse wurden wir von einem Händler gefragt, ob wir überhaupt zahlungskräftig seien. Mit so jemandem werden wir nie zusammenarbeiten, sowas macht uns unglaublich wütend. Auf einer anderen Messe interessierten Azra und ich uns für ein bestimmtes Produkt, aber der Lieferant drehte mir absichtlich den Rücken

TIPP: SO GEHST DU MIT REKLAMATIONEN UM

„Wir kommen aus dem Gastgewerbe, Beschwerden bringen uns also nicht aus der Ruhe. Das Wichtigste: Deine Kunden wollen gehört und ernst genommen werden. Bei Reklamationen verschicken wir zum Beispiel Entschuldigungsbriefchen. Entweder mit einem Gutschein für den Shop oder einer guten Tafel Schokolade aus unserem Sortiment. So bleibst du trotz der kleinen Panne in guter Erinnerung."

LAVANDAS LIEBSTER INTERIORBLOG

→ baumhausfee.blogspot.ch

Wegbegleiter: *Der offene Holzschrank ist eine Leihgabe von Barbaras Mutter. Die beiden hoffen, dass sie ihn nie zurückgeben müssen.*

FEINE GESCHENKTÜTE

DAS BRAUCHST DU:

- Einen Papierbeutel aus Kraftpapier, groß genug für dein (Geschenk Tipp: Wenn du den Beutel selber falten willst: Auf lavanda.ch gibt's eine genaue Anleitung zum Runterladen!)
- Eine kleine Tortenspitze
- Geschenkanhänger aus Pappe, Motiv- oder Spruchstempel und Stempelkissen
- Spitzenborte, ca. 30 cm Baumwoll-Küchengarn
- Schere, Tacker

UND SO MACHST DU ES NACH:

STEP 1:
Tüte mit Geschenk befüllen. Anhänger bestempeln oder beschriften.

STEP 2:
Tüte umklappen, Tortenspitze auflegen und zu einem Drittel über den Rand falten. Baumwollgarn doppelt nehmen und mit der Schlaufe nach oben an Tütenrand und Tortenspitze festtackern.

STEP 3:
Geschenkanhänger einfädeln, vorsichtig festknoten. Ein Stück Spitzenborte dranbinden und mit einer Schleife abschließen.

Prost! – Das Weinlager besteht aus Schuhregalen: Der Lattenboden sorgt dafür, dass die Flaschen nicht verrutschen.

zu und wandte sich an meinen Mann. Er trug unsere Tochter auf dem Arm. ‚Ich bin hier nur der Babysitter', sagte er. ‚Sprechen Sie mit meiner Frau, die ist die Chefin.' Große Augen, ungläubiges Schweigen. Inzwischen sieht man uns den Erfolg an. Wir gehen in Jeans und T-Shirt über die Messen und strahlen einfach ein anderes Selbstbewusstsein aus.

Zum ersten Weihnachtsgeschäft flatterte uns über den Onlineshop gleich die Order einer Zementfirma ins Haus. Ein Geschenkpaket aus sieben oder acht Produkten, Bestellmenge: 1000 Stück. Das musste doch ein Schreibfehler sein! Eine Null zu viel! Ich rief die Firma an und ließ mir die Menge bestätigen. Unglaublich! Wir haben in unserem damaligen Lager eine Produktionsstraße aus langen Tischen aufgebaut, Freunde und Familie eingespannt und im Akkord abgefüllt und etikettiert. Mittendrin brodelte die Kaffeemaschine. Und dann raste auch noch meine kleine Tochter mit dem Dreirad durch die Halle und hielt zwischendurch ein Mittagsschläfchen auf gepolsterten Paletten. Wir haben alles gemeinsam geschafft, das war ein tolles Gefühl!

Unser besonderer Service hat sich herumgesprochen, bis weit über Burgdorf hinaus. Am 24. Dezember rief der Makler an, der uns damals die Lagerhalle vermittelt hatte. Er erwischte mich im Auto. ‚Ich brauche schnell noch einen Geschenkkorb für Weihnachten!', rief er. ‚Bin schon unterwegs zu dir', sagte ich. ‚Ich muss nur noch wissen, was auf der Karte stehen soll.' Er meinte, wir seien das Beste, was ihm je passiert sei. Das sollten wir mal dem Mann vom Handelsregisteramt erzählen!"

Gut sortiert: *Neben Spezialitäten aus der Schweiz und dem Mittelmeerraum verkaufen Azra und Barbara auch Kochwerkzeug und Geschenkartikel. In einem „Shop-in-Shop"-Regal stellt eine Freundin einen Teil ihres Sortiments aus.*

Lavanda bedeutet in mehreren Sprachen Lavendel. Den Farbton nehmen die Freundinnen auch an einer Wand des Ladens auf.

Hochgestapelt: *Aus Obstkisten wird ein rustikales Regal.*

SHARP
17.50
1.-

light BOX
NORRGVARNS KVARN
SAMSIKT
LYRESTAD

JEWELBERRY

COCO TURTUREANU & LILY SIELAFF

BEIDE 39 JAHRE

JULIUSSTRASSE 33
22769 HAMBURG
JEWELBERRY.DE

MO–FR 12–19 UHR, SA 12–18 UHR

GLÜCKS-
BRINGERINNEN

Nostalgie trifft Poesie: Im Schmuckatelier von Coco Turtureanu und Lily Sielaff im Hamburger Schanzenviertel verlieren Zeit und Raum ihre Bedeutung. Man wandelt durch einen Birkenwald, atmet plötzlich ruhiger. Und vergisst zwischen Libellenflügeln, bunten Bändern und zarten Perlen schon mal den nächsten Termin. Das Handy? Hat hier ohnehin keinen Empfang.

Craftplatz: Im hinteren Teil des Ladens arbeitet Coco an neuen Anhängern. Alle Modelle lagern griffbereit und hübsch verpackt in tiefen Holzboxen.

Schmucke Deko: Es glitzert auf Glasflaschen, Nähkästchen, Schubläden. Ein paar Birkenäste dienen als Podeste.

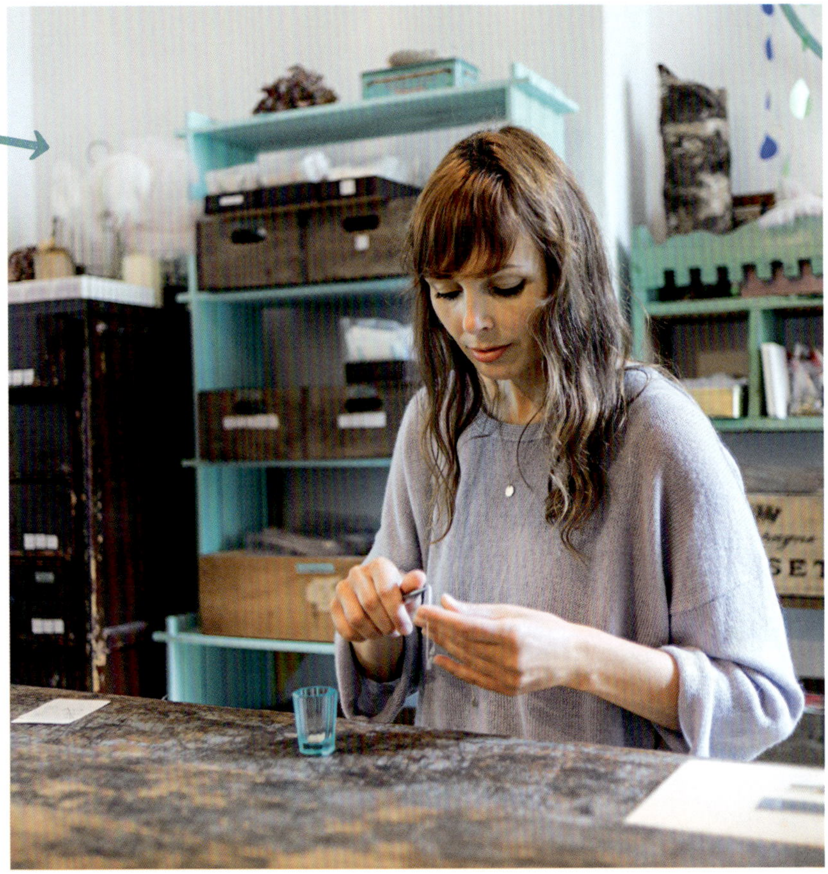

.... „Dieser Laden hat einfach gutes Karma. Bevor wir einzogen, bekamen hier Mädchen mit Migrationshintergrund Nachhilfe- und Sprachunterricht. Das Projekt wurde irgendwann nicht mehr subventioniert, die Sozialpädagoginnen mussten die Einrichtung aufgeben. Wir spürten aber sofort, dass hier mit Herzblut und Engagement Gutes getan worden war. Mit Jewelberry versuchen wir, diesen Spirit fortzusetzen – und Frauen starkzumachen. Für unseren Schmuck werden wir von Studentinnen und jungen Müttern unterstützt.

Eigentlich wollte ich Kinderbuchautorin werden, ich habe schon immer sehr viel gemalt, gebastelt und Kleider aus verschiedensten Materialien gestaltet. Parallel zu meinem Kunstpädagogikstudium fing ich an, Schmuck zu entwerfen, das Handwerk brachte ich mir selber bei. Ich merke immer deutlicher: Lehrerin zu werden, das war nichts für mich. Mit meiner besten Freundin Lily eröffnete ich 2008 in München unseren ersten Laden. Lily ist ausgebildete Zeitschriftenredakteurin und ein Naturtalent in Sachen Marketing und Pressearbeit. Wir ergänzen uns perfekt, gemeinsam wurde aus unserem Baby das, was Jewelberry heute ist: ein Schmucklabel, das unverwechselbar ist, weil es in keine Schublade passt. Wir machen weder industrielle Massenware noch verkünstelte Goldschmiedekreationen. Wir sind nicht billig oder unbezahlbar, sondern erschwinglich. Alle Stücke werden unter fairen Bedingungen in Hamburg und München von Hand gefertigt. Im Laden wie im Leben: Es ist wichtig, dass du deine Nische findest. Du bist einzigartig, also zeig es auch. Ich genieße es, wenn eine Kundin hier glücklicher rausgeht als sie reingekommen ist – ob mit oder ohne Jewelberry-Kettchen. Weil sie eine fröhliche, lebenbejahende und freundliche Atmosphäre genossen hat. Weil wir sie mit unserem Lebensstil inspirieren konnten. Deshalb sieht es bei uns auch komplett anders aus als in normalen Juweliergeschäften.

2011 zog es mich nach Hamburg, die Zeit war reif für einen weiteren Jewelberry-Laden. Die schönen Altbauräume in der Schanze waren zum Glück in relativ gutem Zustand. Wir brauchten nur die Wände verputzen und streichen. Für die Einbauten rückte Lilys Freund mit seiner Crew aus München an. Daran erkennt man gut, wie wichtig uns Zusammenhalt ist: Es geht darum, gemeinsam Erfolg zu haben, alles zu teilen, durch dick und dünn zu gehen. Wir sind einander die besten Freundinnen, ehrliche Ratgeber, und es ist nicht unser Ziel, immer höhere Umsätze einzufahren. Sondern ein Konzept zu haben, das ausgewogen ist und mit dem es allen Beteiligten gut geht.

Wenn du Schmuck in Szene setzen willst, ist Beleuchtung das A und O. Die Töne der Edelmetalle und Halbedelsteine müssen naturgetreu rüberkommen, damit die Kundin zu Hause keine Über-

Die solide Schaufenster-Ablage ist eine Maßarbeit von Lilys Freund, einem Zimmerermeister. Hinter der farbigen Abdeckung versteckt sich die Heizung.

SCHMUCKHALTER FÜR LIEBLINGSKETTCHEN

DAS BRAUCHST DU:

- *Einen alten Holzbilderrahmen*
- *Einen Ausriss aus einem Vintage-Magazin oder hübsches Poster als Hintergrund, etwas größer als der Rahmen*
- *Tapetenkleister und Schälchen zum Anrühren*
- *Pinsel, Hammer, kleine Haken und Nägel*

UND SO MACHST DU ES NACH:

STEP 1:
Kleister nach Packungsanweisung anrühren.

STEP 2:
Papiermotiv direkt an die Wand kleistern. Trocknen lassen. Nägel durch das Motiv in die Wand schlagen.

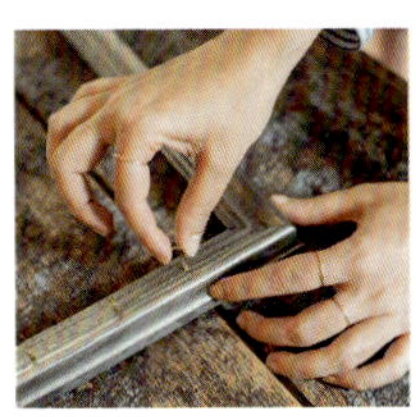

STEP 3:
Haken in regelmäßigem Abstand in die obere Leiste des Rahmens drehen. Rahmen aufhängen und Ketten an den Haken schaukeln lassen.

Schönheitskur: *Der Laden wurde früher als Büro genutzt. Lily und Coco entfernten Raumtrenner, Einbauregale und Schiebetüren aus Kunststoff. Dafür holten sie die Natur ins Haus und spreizten Birkenstämme zwischen Decke und Holzdielen.*

raschung erlebt. Wir haben uns eine Lichttechnikfirma gegönnt und ein Beleuchtungssystem mit verstellbaren Tageslichtstrahlern installieren lassen. Das war aufwendig und kostenintensiv, lohnt sich aber bis heute. Beim Einrichten achten wir in beiden Läden auf Natürlichkeit und verwenden viel Holz, Papier und Glas. Eben alles, was man gern mit den Fingerspitzen berührt. Wir wollen aufmerksam machen auf die Schönheit, die im Alltäglichen oft untergeht. Für unsere glänzenden Stücke sind Flohmarktfunde der perfekte Hintergrund, so entsteht Spannung: eine Kulisse aus alten Rahmen, Spiegeln, Kästchen und Figuren, aus Dingen mit Seele eben. Das Leben ist ja auch nicht nur ein homogenes Ganzes aus dem Katalog, sondern unverwechselbar und voller Geschichten. Apropos Geschichten: Der wertvollste Gegenstand im Laden ist für mich ein kleines Wasserfläschchen mit Blattgold. Mein Bruder hat es mir zur Eröffnung geschenkt. Es sollte Lily und mir Erfolg und Glück bringen. Bis jetzt hat es seinen Job wunderbar erledigt. Gutes Karma eben!“

Raumwunder: *Der Schminkspiegel vom Antiquitätenmarkt fängt viel Licht ein und vergrößert den Raum. Oben am Rahmen sind ein paar Haken, von denen die Kettchen herunterbaumeln.*

DIE SCHMUCKAUTOMATEN IN HAMBURG UND MÜNCHEN SIND EINE SÜSSE REKLAME: FÜR 4 EURO SPUCKT DIE „JEWELBERRY BOX" EIN FARBIGES SATINBAND MIT DREI ANHÄNGERN AUS. IDEAL ALS MITBRINGSEL AUF DEM WEG ZUR FREUNDIN. ODER FÜRS ERSTE DATE.

LILYS TIPPS FÜR DEIN ERFOLGREICHES MARKETING

- Versorge die **Redakteure** wichtiger und auflagenstarker Magazine mit Bildmaterial, Pressetexten und Fotomustern.
- Beteilige dich an **Rabattaktionen,** wir sind zum Beispiel ein Partner der Shopping Week einer Frauenzeitschrift.
- Komm mit interessanten **Kooperationspartnern** ins Gespräch, indem du ihnen exklusive Designs deines Labels anbietest, sei es für ein Charity-Projekt oder einen Adventskalender.
- Sorge dafür, dass du in **exklusiven Stadtführern** (auch anderer Länder) als besonderer Einkaufstipp vertreten bist.
- **Tu Gutes** – und rede darüber: Einen Teil unseres Erlöses spenden wir an ein Hilfsprojekt, das Kinder in Deutschland, Afghanistan und Tansania unterstützt.
- Die günstigste Werbung ist **Mundpropaganda:** Wenn du deine Kunden glücklich machst, wirst du weiterempfohlen. Garantiert!

„DER VINTAGESTIL IN UNSEREN LÄDEN SIEHT NICHT NUR HÜBSCH AUS. ER VERKÖRPERT VOR ALLEM UNSEREN ANSPRUCH AN NACHHALTIGKEIT UND UMWELTBEWUSSTSEIN."

Wunderland: *Zwischen Teekiste, Kinderstühlchen und Hasenporträt geht die Fantasie auf Reisen.*

MAISON CHICHI VINTAGE

NINA MARIE JAROSCH
40 JAHRE
BAADERSTRASSE 64
80469 MÜNCHEN
FACEBOOK.COM/
MAISONCHICHIVINTAGE
DI–FR 11–18 UHR,
SA 11–16 UHR

SALONLÖWIN

Nina Jarosch beherrscht die Kunst der subtilen Verführung. Als Burlesquetänzerin ist sie mit ihrer Show auf Münchner Bühnen unterwegs. In ihrer Boutique für Mode und Accessoires im Vintagestil zeigt sie, wie jede Frau mit ihren Reizen spielen kann. Und so passiert hinter dem grünen Samtvorhang ihrer Umkleide oft eine wundersame Verwandlung.

Immer gut behütet: *Als Modejournalistin hat Nina natürlich ein Händchen für Farben, Materialien und Schnitte. Und sie sieht auf Anhieb, was einer Kundin steht – und was nicht: „Ein kleiner Laden lebt von der guten Beratung. Ich würde nie jemandem etwas aufschwatzen."*

DER PLATZ VOR DEM LADEN BLEIBT AUCH IM SOMMER FREI: „ICH HÄNGE NIEMALS WARE RAUS, DAS SIEHT MIR ZU BILLIG AUS. UND DIE KOSTBAREN STOFFE WÜRDEN LEIDEN."

.... „Ich bin daran gewöhnt, angestarrt zu werden. Auf der Bühne sowieso, aber auch in der U-Bahn auf dem Weg in den Laden. Vielleicht liegt es daran, dass ich immer Kleider aus meinem Sortiment trage und bei Regen lieber in Lackpumps statt in plumpe Gummistiefel schlüpfe. Ich konnte noch nie verstehen, wie Frauen ungeschminkt in Turnschuhen und mit Rucksack aus dem Haus gehen können. Womöglich noch in Outdoor-Kleidung! Dabei wäre es doch so einfach, seine Vorzüge zu unterstreichen und richtig weiblich zu wirken. Ich habe Modejournalismus studiert, war anschließend in der PR und habe dann als Lifestyleredakteurin bei Zeitschriften gearbeitet. Und irgendwann hatte ich dieses stumpfe Vor-dem-Bildschirm-Sitzen satt. Redakteurin ist irgendwie ein einsamer Job, obwohl man ja für Menschen schreibt.

Als kleines Mädchen habe ich oft den Schrank meiner Mutter geplündert und mich verkleidet. ‚Wie angelt man sich einen Millionär?' oder ‚Blondinen bevorzugt' – ach, ich liebe diese amerikanischen Filme! Irgendwann fand ich heraus, dass man die Kleider aus dieser Zeit übers Internet auch in Deutschland kaufen konnte. Ich stieß auf eine US-Händlerin, die mich paketeweise mit Vintage-Sachen versorgte. Ich bin selbst klein und zierlich, die Kleider passten mir wie angegossen. Meine Sammlung wuchs. Als ich über acht Ecken erfuhr, dass dieser Laden frei wurde, schlug ich sofort zu. Vor meinem Einzug sah es hier aus wie in einer Abstellkammer, alles bis unter die Decke mit Regalen zugestellt. Aber allein am Grundriss konnte ich erkennen, dass die Raumaufteilung für mich optimal war. Und einen genauen Plan fürs Interior hatte ich auch längst: Ich strich die Wände in samtigen Farben, tapezierte eine Fläche mit Palmendesign und orderte professionelle Kleiderstangen. Dann hängte ich meine Vintage-Sammlung auf und bestellte munter weiter. Doch diese Raritäten aus den Zwanzigern bis Sechzigern sind sehr knapp geschnitten, etwas für kleine, zierliche Frauen, für Liebhaberinnen wie mich. Außerdem werden die jahrzehntealten Stoffe irgendwann porös, sie sind nicht alltagstauglich. Meine Kundinnen wollen aber schöne Garderobe für jeden Tag, und auch noch in ihrer Größe.

Heute beziehe ich meine Mode von Herstellern, die nach alten Schnitten schneidern. Ich führe von jedem Modell ein Stück in jeder Größe, also ist auch etwas für kurvigere Frauen dabei. Meine Kundinnen kaufen hier für Hochzeiten, Bälle, für die Silvesterparty ein. Oder manchmal auch ein Tageskleid oder einen Bleistiftrock, der mit dem passenden Schößchen plötzlich sehr mondän aussieht. Ich genieße das Glücksgefühl der Frauen, wenn sie hier ein Stück finden, in dem sie sich richtig schön finden. Manchmal geht es zu wie auf einer Fashionparty: Die Damen wechseln sich in

Rückendeckung: *Die Nische hinterm Verkaufstresen funktionierte Nina zum Hausaltar um. Das Foto zeigt sie mit ihrem Idol Dita von Teese. Die Modejournalistin durfte sie für ein Interview in Berlin besuchen.*

NINAS DIY-TIPP

TISCHLEUCHTE VEREDELN

DAS BRAUCHST DU:

- *Eine Tischleuchte mit einfachem Stoffschirm*
- *Eine Zierborte mit Pompons oder Quasten (gibt's als Meterware)*
- *Zwei Samtbänder*
- *Heißklebepistole*
- *Schere, Stecknadel*

UND SO MACHST DU ES NACH:

STEP 1:
Stoffschirm vom Lampenfuß nehmen. Auf der unteren Innenseite Stück für Stück Heißkleber auftragen und Zierborte andrücken. Überstehende Borte vorsichtig abschneiden, sodass Kante an Kante endet.

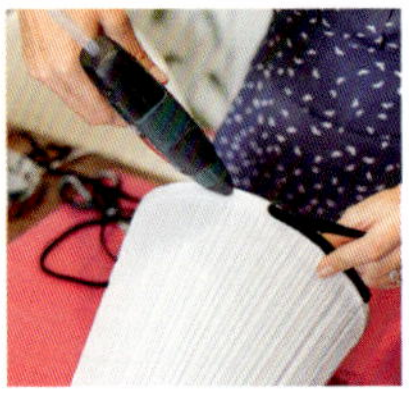

STEP 2:
An der unteren Außenseite gegengleich verfahren und am selben Punkt beginnen wie innen. Das Samtband andrücken und sauber zuschneiden, dass zum Schluss wieder Kante auf Kante liegt.

STEP 3:
Für den oberen Rand vom zweiten Samtband etwa 30 cm abmessen, Punkt mit einer Stecknadel am Rand fixieren, restliches Band mit Heißkleber rundum anbringen. Die losen Enden zur Schleife binden.

Vorsicht: Das Arbeiten mit dem flüssigen Kleber und den kostbaren Borten erfordert etwas Übung und Fingerspitzengefühl! Am besten mit Unterlage, ganz langsam und sorgfältig arbeiten.

__Wandexotik:__ Die Palmentapete hinterm Schreibtisch ist von der englischen Trendmarke Cole & Son und ein Schon-immer-Wunsch von Nina: „Palmen brauchen Platz. Ich hatte vorher nur nie so eine große Wand zur Verfügung." Der verglaste Schreibtisch gehörte zum Inventar, Nina möbelte ihn mit Politur, Parfumflacons und antiken Schmuckstücken auf.

der Umkleide ab, beraten sich gegenseitig, lachen gemeinsam. Es entsteht eine erstaunliche Vertrautheit. Ich ziehe mich dann hinter meinen Schreibtisch zurück, beobachte sie und freue mich.

Natürlich musste ich nach meiner Festanstellung meine Ansprüche zurückschrauben. Ich bin sparsamer geworden. Aber ich überlege nicht, wie ich am meisten verdiene. Sondern ich genieße die Freiheit, dass ich heute zu 100 Prozent das mache, was ich immer wollte. Den Traum vom eigenen Laden hatte meine Mutter übrigens auch schon – inzwischen hilft sie mir hier aus. Am Wochenende haben mein Mann und ich sie neulich am Tegernsee besucht, mit dem Fahrrad. Und sogar das kriegte ich stilvoll hin: auf meinem Retro-Fahrrad, im Vintage-Dirndl und mit Strickjäckchen. Ich hatte sogar flache Schuhe an – aber nur ausnahmsweise!"

Tipp: Zwei Paar Pumps stehen bereit, damit sich die Kundin im neuen Kleid gleich richtig angezogen fühlt.

„ICH BIN GERN FÖRMLICH. ICH MAG NICHT, WENN MAN MICH IN ANDEREN LÄDEN SOFORT DUZT. DAS HAT FÜR MICH ETWAS MIT RESPEKT ZU TUN."

NINAS BOUDOIR-STYLE FÜR ZUHAUSE

- **Flowerpower.** Gönn dir üppige Blumenarrangements, ich liebe zum Beispiel große Rosen wie die 'Pink Floyd'.
- **Kristallpalast.** Kronleuchter zaubern ein Glitzern in den Raum – und in die Augen deiner Gäste.
- **Make-up für die Wand.** Streiche wenigstens eine Wand in einer schimmernden Farbe oder verwende eine Tapete mit Glanzeffekt.
- **Sinnliche Stoffe.** Schwere Samtvorhänge fallen schön, Quasten und Posamenten wirken extrem glamourös.
- **Edle Eyecatcher.** Kissen mit Pailletten oder Animalprint schmeicheln dir – und deinem Sofa.

Garderobe für Kurvenstars: *Nina ordert jedes Kleid nur einmal in jeder Größe. So schürt sie in ihren Stammkundinnen das Jagdfieber. Nicht nur bei den Stoffen achtet sie auf Qualität: Die Kleiderständer hat sie von einem Ladenbauer anfertigen lassen.*

Sinnliches Separee: *Ihre Umkleide strich Nina in der Farbe „Chemise" der Marke Little Greene. Der Ton macht eine private Atmosphäre und schmeichelt der Haut.*

OFFEN UND EHRLICH

DIE BESTEN GRÜNDUNGSTIPPS DER SHOP GIRLS

Jetzt aber: Fakten auf den Tisch! Hier sprechen alle 28 Gründerinnen offen über Geld, Versicherungen und Arbeitszeiten. Aber auch über die Ladeneinrichtung und das richtige Licht. So findest du wertvolle Hilfestellung in allen Bereichen, die jetzt wichtig sind. Geschäftsgeheimnisse? Gibt's hier nicht.

Wie viel Budget brauche ich?

„In meinem Fall waren es weniger als 10 000 Euro. Ich hatte in meinen vorhergehenden Jobs nicht die Möglichkeit, viel Geld anzusparen. So geht es heute leider vielen gut ausgebildeten, jungen Leuten. Da ich zu diesem Zeitpunkt keine für mich passende Fördermöglichkeit gefunden habe, wäre ich bereit gewesen, einen Kleinkredit für mein Projekt aufzunehmen. Am Ende hat sich aber meine Mutter dazu entschlossen, mich finanziell zu unterstützen.“ *Anja Skonieczny, Mima Vintage Lädchen*

„Eigenkapital hatten wir kaum, deshalb haben wir viel in Eigenleistung renoviert. Auf Facebook konnte man unsere Fortschritte verfolgen, das hat Kunden angezogen. Existenzgründerzuschuss kam für uns nicht infrage, weil wir vorher schon selbstständig waren. Heute rechnet jeder in seine Kasse ab: Der Erlös für die Möbel geht an Kathrin, die Einnahmen für die Accessoires an Carolin. Die Miete wird geteilt. Wir zahlen uns monatlich einen Betrag aus, damit wir Möbel kaufen und Produkte ordern können.“ *Carolin Akstinat und Kathrin Radermacher, Grünblaugrau Intérieur*

„Du gehst mit einem eigenen Laden in enorme Vorleistung. Ich würde mit 100 000 Euro rechnen. Dann bist du gut abgesichert, hast einen finanziellen Puffer und musst nicht in der zweiten Saison bei der Bezahlung der Rechnungen rumknapsen. Die ersten Jahre sind einfach irre kostenintensiv. Aber wenn es gut läuft, zahlst du den Kredit auch fix wieder ab.“ *Christina Wille, Loveco*

„Wir haben unsere Buchhandlung insgesamt mit knapp 30 000 Euro zum Laufen gebracht. Ein Ladenbauer kam für uns nicht infrage, denn wenn du die Einrichtung selber planst, kommst du wesentlich günstiger weg, und der Laden wird unverwechselbar. Das Glück unserer Branche: Wir haben einen Computer mit Kassensystem, einen Laptop, einen Drucker und einen Beamer für Filmabende angeschafft. Das war an Technik erst einmal alles.“ *Elisabeth Windfelder und Jasmin Marschall, herr holgersson*

„Ich wollte mich von keiner Bank oder keinem Förderinstitut abhängig machen und habe alles aus der eigenen Tasche bezahlt. So habe ich auch meinen Laden aufgebaut und geplant. Vorteil: Ich habe ab Tag eins für den Laden und mich Geld eingenommen, mit dem Wissen, ich muss außer für Neuware und Steuern vorerst keine Extraabgaben einplanen. Das nimmt definitiv den Druck.“ *Stefanie Marthold, Edi m.*

„Man kann schon mit wenig Geld viel schaffen. Auf jeden Fall solltest du die ersten sechs bis zwölf Monate für deine Grundlebenshaltungskosten aufkommen können, weil die Einahmen im ersten Jahr stark variieren und sich erst langsam steigern. Zu Anfang kannst du zufrieden sein, wenn du am Ende des Monats deine Kosten gedeckt hast. Eine Faustregel sagt, dass man fünf Jahre durchhalten muss, bis sich das Business etabliert hat und Gewinn abwirft. Du solltest zusätzlich zu den laufenden monatlichen Fixkosten auch noch Geld zur Seite legen: für die Tilgungsraten, wenn du einen Kredit aufgenommen hast, und fürs Finanzamt.“ *Coco Turtureanu und Lily Sielaff, Jewelberry*

In welchen Bereichen muss ich als Gründerin eine absolute Expertin sein?

„Ich habe das Handeln mit Möbeln und das Einrichten als Autodidaktin begonnen. Meine Ausbildung zur Industriekauffrau war dafür nicht relevant. Man braucht eigentlich nur: eine Packung Mut, ein gutes Gefühl für die Sache, Durchhaltevermögen. Und man muss von seinem Konzept absolut überzeugt sein." *Alexa Müller, 69 m²*

„Du musst lernen, wie guter Kundenkontakt entsteht. In vielen Läden fühlt man sich nicht willkommen. In Berlin ist das teilweise gewollt, ich persönlich halte nichts davon. Wir begrüßen unsere Kunden und sagen auch auf Wiedersehen, wenn sie gehen. Ich habe das selbst nicht nur im Einzelhandel gelernt, sondern auch in der Gastronomie. Wer damit gar nichts anfangen kann, der sollte zweimal überlegen, ob ein Laden das Richtige ist. Und du solltest Expertin in dem sein, was du da verkaufst. Alles andere ist nicht authentisch – und das merken die Kunden. Du musst wissen, woher die Sachen kommen, im Idealfall kannst du sogar Geschichten zum Herstellungsprozess erzählen." *Christina Wille, Loveco*

„Im Umgang mit Menschen. Wichtig ist, dass eine persönliche Leidenschaft hinter der Sache steckt. Dann kannst du in alles reinwachsen." *Carolin Akstinat und Kathrin Radermacher, Grünblaugrau Intérieur*

„Wenn du einen festen Job hast, kannst du vielleicht erstmal auf Teilzeit reduzieren. Dann bleibst du sozialversichert, hast aber Zeit frei für dein neues Projekt. Vorkenntnisse sind nicht unbedingt nötig, Yvonne hat allerdings immer schon nebenbei im Einzelhandel gearbeitet, sie hat sogar eine Ausbildung in einem familiengeführten Juweliertachgeschäft gemacht. Verkaufen und Menschen immer kompetent und freundlich beraten, das sollte dir schon liegen." *Yvonne Kuhnert und Jasmin di Caro, Lilli & Luuk*

„Klar, man sollte Erfahrungen sammeln, und zwar schon ein paar Jahre lang. Am besten in einem kleinen und einem großen Laden. Nur so erkennst du die Unterschiede in Logistik und Warenwirtschaft und kannst entscheiden, in welche Richtung die Reise geht: Willst du eine einzigartige Boutique oder arbeitest du darauf hin, einmal mehrere Filialen zu eröffnen?" *Stefanie Marthold, Edi m.*

„Im Abschätzen deiner Kundschaft. Innerhalb von Sekunden solltest du wissen, worauf die Kundin abfährt. Das habe ich im Laufe der Zeit gelernt. Es macht Sinn, ein Praktikum im Verkauf zu machen, und zwar mindestens vier Wochen." *Christina Kronawitter, mein herzblut*

„Ich bin Quereinsteigerin. Glücklicherweise habe ich einen guten Sinn für Interior und Mode, Fotografie und Dekoration. Als inhabergeführtes Ladengeschäft ist es wichtig, sich in jedem Bereich auszukennen bzw. sich fortzubilden: Ich bin Buchhalter, Einkäufer, Verkäufer, Lagerarbeiter, Trendscout, Produktfotograf, Marketingleiter, Personalchef und Springer in einem. Bevor ich das eigene Ladenprojekt realisierte, habe ich eine zeitlang als Storeleitung in einer Boutique Erfahrungen gesammelt. Ich habe mir in den letzten Jahren Produktfotografie beigebracht und mache mittlerweile all unsere Bilder für den Onlineshop und unsere Social-Media-Kanäle selbst." *Nicole Hansen, frau hansen*

„Nirgendwo. Es ist nur wichtig, sich mit Experten zu umgeben. Mein Tipp: Plane und lass dir von Experten Angebote geben. Hol dir Infos vom Steuerberater, von einem Betriebswirt, einem Juristen und einem Marketingprofi. Es gibt auch gute Gründungsberater, hör dir auf jeden Fall alles an. Danach kannst du entscheiden, wer helfen muss und was du allein (lernen) kannst." *Barbara von der Preuß, Lille Drømme*

„Du solltest dein Kerngeschäft beherrschen und lieben! Mein Kerngeschäft ist die Entwicklung und Vermarktung meiner Produkte. Grundlegende kaufmännische Fertigkeiten lernte ich vor allem während des Studiums. Ansonsten besuchte ich in Vorbereitung meiner Selbstständigkeit Gründerseminare, nahm an Netzwerktreffen mit etablierten Gründerinnen teil und tauschte mich mit anderen Kreativen aus. Hilfestellung findet man z.B. bei der Industrie-und Handelskammer (IHK) vor Ort." *Anja Skonieczny, Mima Vintage Lädchen*

„Du musst über die Produkte und ihre Herstellung Bescheid wissen, nur so kommt eine kompetente Beratung zustande. Außerdem solltest du dich über die Gesetze und Vorschriften informieren – und sie auch einhalten. Besonders das Lebensmittelgesetz ist da streng. Einiges kann man sich ‚im Gehen' aneignen, anderes durch Weiterbildungen oder Webinare. Wichtig ist es zu wissen, wo man sich Hilfe holen kann, z.B. bei der Buchhaltung." *Barbara Blaser und Azra Dugumovic, Lavanda*

„Entspann dich! Du kannst als Anfänger keine absolute Expertin sein. Du musst deine Erfahrungen sammeln, Dinge ausprobieren, du darfst auch Fehler machen. Finanziell solltest du alles gut durchkalkuliert haben. Ein Steuerberater hat das große Ganze im Auge und erspart dir böse Überraschungen bei der Steuererklärung und vielleicht sogar die Insolvenz. Auch Berater im Bereich Marketing sind von Vorteil. Beobachte den Markt und schau dir ganz genau den Standort deines Ladens an. Lass dich aber nicht verrückt machen und von der Informationsflut im Internet einschüchtern! Das Wichtigste ist, dass du deine Nische findest!" *Coco Turtureanu und Lily Sielaff, Jewelberry*

Wie finde ich ein gutes Ladengeschäft?

„Oft ganz zufällig: Ich war gerade auf dem Rückweg von einer anderen Besichtigung. Hier ist die Lage optimal, weil es in meiner Straße nur Restaurants und kaum Einzelhandel gibt – also auch keine Konkurrenz für mich. Für den Vermieter hatte ich dann ein einseitiges Exposé vorbereitet. Und mit meiner ausgefallenen Idee kam ich sofort in die engere Auswahl." *Christina Wille, Loveco*

„Geh einfach mal mit offenen Augen durch dein Viertel. Vielleicht wird irgendwo ein Laden frei, und du bist die Erste, die es erfährt. Sprich Leute an. Es ist immer gut, wenn du keine Maklerprovision und keine Ablöse für Inventar und Kundenstamm zahlen brauchst." *Nina Kleinz, Goldregen*

Warum sollte ich mir auch andere Läden anschauen?

„Weil du von ihnen lernen kannst. Ich gehe oft in andere Läden. Dort achte ich auf alles: Wie ist die Einrichtung, wie wird das Sortiment präsentiert. Wie werde ich bedient und wahrgenommen. Wie funktioniert das Bezahlen und das Verpacken. Wie sieht die mediale Präsenz aus? Ehrlich gesagt, kann ich schon gar nicht mehr ‚einfach so' in einen Laden gehen ..." *Bente Oelkers, Fuchs & Bente*

Woher weiß ich, dass es der richtige Raum für mich ist?

„Miete nur einen Laden an, in dem du während der Besichtigung Herzklopfen bekommst. Wenn nicht, lieber noch warten und weitersuchen." *Dagmar Gauger, echt Liebenswert*

Welche Versicherungen sind wichtig?

„Die Unfallversicherung der Berufsgenossenschaft für den Handel kommt automatisch – daran führt kein Weg vorbei, je nach Branche sind die Beträge unterschiedlich. Ich rate zu Haftpflicht- und je nach Warenbestand zu einer Wareninhaltsversicherung." *Alexa Müller, 69 m²*

„Betriebshaftpflicht- und Glasversicherung." *Carolin Akstinat und Kathrin Radermacher, Grünblaugrau Intérieur*

„Wir haben eine Allgemeine Einzelhandelspolice abgeschlossen, in der alles Übliche eingeschlossen ist, also Feuer, Wasser, Wetter. Wichtig ist: vergleichen und nicht blind auf vermeintliche Superangebote vertrauen. Ob eine Berufsunfähigkeitsversicherung sinnvoll ist, muss man selbst entscheiden. Bei der Krankenversicherung sind wir freiwillig gesetzlich versichert. Und: Rente nicht vergessen! Hier kannst du dich bei der Deutschen Rentenversicherung beraten lassen." *Elisabeth Windfelder und Jasmin Marschall, herr holgersson*

„Ich habe eine Versicherung, die alles beinhaltet – vom Brandschutz über Wasserschäden und Diebstahl bis hin zu möglichen Schäden, die von meiner Hündin ausgehen. Sowohl geschäftlich als auch privat, da ist alles abgedeckt." *Stefanie Marthold, Edi m.*

„Viele. Mein Lebensgefährte ist Versicherungsmakler und hat mich gut beraten. Ich habe eine private Rentenversicherung, eine Haftpflicht-, Unfall- und Diebstahlversicherung und einen Schutz gegen Vandalismus." *Christina Kronawitter, mein herzblut*

„Eine Betriebshaftpflichtversicherung. Ähnlich wie auch im privaten Bereich wird dein Inventar bis zu einer festgelegten Versicherungssumme versichert (Hagel, Feuer, Sturm, Einbruch). Das ist erst mal alles, was ich in meinem Versicherungsportfolio ergänzen musste. Eine ehemalige Versicherungsberaterin hat mir einen schlauen Ansatz mit auf den Weg gegeben: Wichtig ist es, erst mal die Bereiche zu versichern, die die eigene Existenz wesentlich bedrohen können. Alles andere ist Luxus. Eine Berufsunfähigkeitsversicherung (sichert meine Existenz bei Krankheit) sowie eine Rentenversicherung (sichert im besten Fall meine Existenz im Alter) hatte ich auch vor meiner Gründung schon." *Anja Skonieczny, Mima Vintage Lädchen*

„Betriebshaftpflicht- und Geschäftsversicherung vom Diebstahl bis Waren- und Einrichtungsschutz, Einbruch, etc." *Nicole Hansen, frau hansen*

„Wir haben eine Betriebsversicherung, die alles Mögliche beinhaltet: Sachschäden, Haftpflicht, Diebstahl, Elementarschäden und Ertragsausfall." *Barbara Blaser und Azra Dugumovic, Lavanda*

„Eine Inhaltsversicherung, die Brand, Einbruch und Diebstahl abdeckt, und eine Unfallversicherung, falls sich ein Kunde mal im Laden verletzt." *Coco Turtureanu und Lily Sielaff, Jewelberry*

Wie viel Lagerfläche brauche ich?

„Ich habe zu meiner Ladenfläche noch ein Außenlager von 150 Quadratmetern, das ebenerdig mit einem großen Auto zu erreichen ist. Das ist zwingend notwendig, da ich keinen überladenen Laden, sondern Räume gestalten möchte, die sich wie ein Zuhause anfühlen.“ *Alexa Müller, 69 m²*

„Ein Lagerraum ist ein Muss – die Größe hängt wieder von der Art der Artikel ab. Bei Wohnaccessoires (also oft sperrigen Kartons) würde ich ca. ein Viertel bis eine Hälfte der Ladenfläche dazurechnen.“ *Dagmar Gauger, echt Liebenswert*

„Optimal ist, wenn Lager und Laden unter einem Dach sind. Bei uns ist es immer ein bisschen Aufwand, die Möbel aus Kathrins Halle ein paar Straßen weiter in den Laden zu schaffen. Momentan suchen wir da noch nach einer besseren Lösung. Vielleicht lässt sich eine Garage in der direkten Nachbarschaft oder ein Gartenhaus im Hof günstig dazumieten.“ *Carolin Akstinat und Kathrin Radermacher, Grünblaugrau Intérieur*

„Wir haben uns für so wenig Lagerfläche wie möglich entschieden. Für unser Konzept ist es wichtig, den Laden wie eine Wohnung aussehen zu lassen. Dafür haben wir etwa 110 Quadratmeter zur Verfügung. Der gestalterische Spielraum der Fläche war uns wichtiger als die Funktionalität des Lagers. Nachteil: Zu Stoßzeiten geht es hier drunter und drüber. Heute würden wir dem Lager mehr Platz einräumen, auch wenn wir hier eher Dekomaterialien, Ordner und ‚Papierkram‘ verstauen. Unsere Bücher und die Dinge, die wir verkaufen, haben wir fast komplett auf der Ladenfläche untergebracht.“ *Elisabeth Windfelder und Jasmin Marschall, herr holgersson*

„Empfehlenswert ist schon ein kleiner Raum ab 10 Quadratmeter. Bedenke, dass jeder weitere Quadratmeter auch mehr Kosten bedeutet. Das Lager ist ohnehin so ein Ort, an dem man ständig arbeitet und feilt, um den Platz und auch die Handhabung so effizient wie möglich zu gestalten. Ich bin mit meinem Lager bis heute nicht fertig, und bei dem Laden davor haben wir erst nach drei Jahren eine einigermaßen respektable Lösung gefunden. Gebt euch also Zeit.“ *Stefanie Marthold, Edi m.*

„Leider hatte ich noch nie ein richtiges Lager. Das macht das Arbeiten sehr kompliziert. Ich habe zwar wenig totes Kapital herumliegen, zahle aber enorme Lieferkosten, weil ich viel und häufig nachbestellen muss.“ *Barbara von der Preuß, Lille Drømme*

„Die Lagerfläche sollte schon das Doppelte der Ladenfläche sein. Wir verstauen hier außer unserer Feinkost auch Körbe und Verpackungen.“ *Barbara Blaser und Azra Dugumovic, Lavanda*

„Unser Hamburger Laden ist mit seinen 28 Quadratmeter Lager, Küche, Arbeitsraum und Büro genau richtig. Lagerfläche ist für Ab- und Anlieferung existenziell wichtig. Und außerdem braucht auch deine Kreativität Platz, um sich zu entfalten!“ *Coco Turtureanu und Lily Sielaff, Jewelberry*

Soll ich für die Renovierung einen Kredit aufnehmen?

„Das hängt davon ab, wie viel du selber leisten kannst und willst. Wir hatten nur sechs Wochen Zeit vom Einzug bis zur Eröffnung und haben uns mit Unterstützung von Freunden und Familie voll in die Renovierung gehängt. Im Nachhinein hätten wir uns lieber mehr Zeit gelassen, besser 10 000 Euro aufnehmen und uns für Elektroleitungen und Deckenverkleidung einen Profi gönnen sollen.“ *Franziska Fuchs und Bente Oelkers, Fuchs & Bente*

Wann ist der beste Zeitpunkt für die Eröffnung?

„Es dauert, bis ein Laden wirklich fertig ist. Nimm dir Zeit! Wir haben uns für den Aufbau nur etwa zehn Tage gegönnt, das war definitiv zu wenig. Zwei Wochen mehr oder weniger interessieren dich ein Jahr später nicht mehr. Was man am Anfang nicht gleich fertigstellt, bleibt erst mal unvollendet.“ *Nina Kleinz, Goldregen*

„Sieh zu, dass du im Oktober eröffnest. Dann ist die Sommerflaute vorbei und du hast genug Zeit, fürs Weihnachtsgeschäft zu trainieren. Denn der Monat Dezember ist im Einzelhandel Hardcore für alle.“ *Bente Oelkers, Fuchs & Bente*

Wie komme ich an gute Ware?

„Geh auf Messen. Das ist wesentlich besser, als nur online zu ordern. Denn dort kannst du die Produkte anfassen und bekommst auch ein Gefühl für Farben, Materialien und die Wertigkeit. Sei gut vorbereitet und nimm genug professionelle Visitenkarten mit. Viele Firmen schicken dann nach der ersten Kontaktaufnahme Agenten und Handelsvertreter zu dir in den Laden." *Yvonne Kuhnert und Jasmin di Caro, Lilli & Luuk*

Ich habe noch nicht genug Umsatz für Angestellte. Wer kann mir helfen?

„Verlass dich nicht nur auf deine Freunde, die sind irgendwann überstrapaziert. Über das Arbeitsamt oder die Uni kannst du Menschen finden, die dir bei vielen Arbeiten unter die Arme greifen." *Alexa Müller, 69 m²*

Wie richte ich den Laden am besten ein?

„Mein Tipp: Versteift euch nicht auf einen Stil, wenn ihr ihn nicht auch komplett verkörpert. Ich selbst mag so viele verschiedene Stile. Den schlichten skandinavischen Look genauso wie den verspielten Boho-Chic, die Weichheit des Shabbystils genauso wie die industrielle Härte mit viel Metall, Rost und schwerem Holz. Versucht all das zu vereinen, und ihr werdet sehen, dass ihr etwas völlig Neues schafft. Die Einrichtung muss aber auch funktional sein und viele Möglichkeiten zum Präsentieren der Ware bieten." *Stefanie Marthold, Edi m.*

„Die Einrichtung sollte authentisch und echt rüberkommen. Die Produkte sollten ansprechend wirken und optimal präsentiert werden, der Kunde sollte das Produkt gleich probieren wollen. Ein heller Raum in angenehmen Farben, mit dem Duft von Lavendel und Trüffel, eine Kleinigkeit zum Probieren, das spricht alle Sinne an." *Barbara Blaser und Azra Dugumovic, Lavanda*

„Die Ladeneinrichtung und die Ware sollten eine Symbiose eingehen. Alles muss zusammenpassen, luftig arrangiert sein und wertig aussehen. Deshalb habe ich mir meine Kleiderstangen gleich von einem Ladenbauer anfertigen lassen." *Nina Jarosch, Maison ChiChi Vintage*

Was ist wichtig, wenn es um Beleuchtung geht?

„Wenn man von außen nicht erkennen kann, ob ein Laden geöffnet oder geschlossen ist, dann ist es definitiv die falsche Beleuchtung. Zu grell wirkt aber auch steril. Ich habe mich von einem Innenausstatter beraten lassen. Für mich war natürlich wichtig, dass das Licht energieeffizient und ökologisch ist. Da ist LED-Technik gerade die beste Technik, die es gibt." *Christina Wille, Loveco*

„Ein Laden sollte sehr gut mit hellen Strahlern ausgeleuchtet sein, Lichtakzente setzt man auf Bestseller und versteckte Ecken. Ich habe mich fürs Gegenteil entschieden, und das gehört zum Konzept: Ich will eine gemütliche Atmosphäre schaffen und verzichte komplett auf grelles Licht. Meine bodentiefen Schaufenster sind dabei sehr hilfreich. Um den Fokus auf bestimmte Artikel zu legen, verwende ich kleinere Stehlampen mit warmen Glühbirnen. Praktischer Nebeneffekt: Ich kann mit der Ausleuchtung und der Gestaltung des Ladens spielen, und die kleinen Leuchten lassen sich jederzeit austauschen." *Stefanie Marthold, Edi m.*

„Ich mag's gern hell. Auch privat. Wenn ich im Restaurant bei schummrigem Licht mein Essen auf dem Teller suchen muss, krieg' ich direkt schlechte Laune. Beim Shoppen ist es ähnlich. Ich fühle mich in einer hellen Atmosphäre viel wohler und möchte außerdem genau sehen, was ich da kaufe." *Nicole Hansen, frau hansen*

„Viel Licht ist optimal, aber genauso wichtig ist die Möglichkeit, das Licht unterschiedlich zu schalten. Ich habe mich für vier getrennte Strahlerleisten entschieden und setze noch Tisch- und Stehleuchten dazu. So kann ich jederzeit die Stimmung verändern. In der dunklen Jahreszeit liebe ich Kerzen, und zwar in allen Ecken." *Barbara von der Preuß, Lille Drømme*

„Gerade in der Umkleide ist gutes Licht extrem wichtig. Es sollte allerdings weder grell noch kalt sein. Es darf aber auch nicht zu schummrig werden. Deshalb habe ich die Wände meiner Umkleide rosarot gestrichen, denn das macht eine schöne Atmosphäre und schmeichelt der Haut." *Nina Jarosch, Maison ChiChi Vintage*

Ganz ehrlich: Wie viele Stunden arbeitest du pro Woche?

„Als Inhaberin eines Ladens ist man am Anfang gefühlte 24 Stunden im Dienst: Es gilt, die Öffnungszeiten allein abzudecken, Märkte zu besuchen, Waren einzukaufen, zu reinigen oder zu reparieren. Man ist plötzlich alles in einem: Verkäuferin, Beraterin, Stylistin, Managerin, Buchhalterin, Einkäuferin, Reinigungskraft etc. Entspannen und loslassen musste ich erst lernen. Ich erinnere mich noch genau an meinen ersten freien Samstag nach Jahren. Ich wusste gar nicht, was ich mit mir anfangen sollte!" *Alexa Müller, 69 m²*

„50 bis 70, je nachdem, was gerade ansteht. Ein nine-to-five-Job ist das nicht! Aber ich habe viele Freiheiten und bin auch oft unterwegs. Da wird dann auf der Zugfahrt zwar auch gearbeitet (wie gerade), aber es macht so viel Spaß, dass ich es gern tue. Es kommt nicht auf die Anzahl der Stunden an, sondern auf die Sinnhaftigkeit dahinter. Wer für etwas brennt, der sollte sich also nicht davon abschrecken lassen." *Christina Wille, Loveco*

„Wir arbeiten 20 bis 30 Stunden pro Woche, in den Stoßzeiten schnell das Doppelte. Wir haben den Vorzug, zu zweit zu sein und unsere Präsenzzeit und Aufgaben einzuteilen. Eine erledigt das ganze Backoffice, und die andere ist für Auslieferungen und Einkäufe zuständig." *Barbara Blaser und Azra Dugumovic, Lavanda*

„Nicht mehr als 40. Ich musste lernen, strikt darauf zu achten, meine Arbeitszeiten einzuhalten. Natürlich gibt es Tage, die länger sind, etwa zur Vorweihnachtszeit. Dann mach' ich den Laden erst zu, wenn auch der letzte Kunde zufrieden nach Hause geht." *Stefanie Marthold, Edi m.*

„Ca. 50 bis 70 Stunden, auch sonntags." *Christina Kronawitter, mein herzblut*

„Mindestens 50. Gerade in der Vorweihnachtszeit ist es mehr. Aber vieles fühlt sich nicht nach Arbeit an: Es kommt vor, dass ich abends um 22 Uhr ‚nur noch schnell' ein paar Produktbilder bearbeiten möchte. Nach sehr arbeitsintensiven Wochen merke ich jedoch auch, dass es mal wieder an der Zeit ist, einen Gang runterzuschalten." *Anja Skonieczny, Mima Vintage Lädchen*

„Anfangs waren es ca. 80 bis 100 Stunden pro Woche, und da sind noch nicht die ‚schlaflosen Nächte' eingerechnet! Mittlerweile bin ich bei ca. 60 Stunden die Woche. Mein Team entlastet mich sehr gut im Laden, sodass ich Zeit für andere Bereiche finde." *Nicole Hansen, frau hansen*

Und was ist mit dem Mietvertrag?

„Ich habe einen Fünfjahresvertrag unterschrieben. Allerdings mit einer Klausel, dass ich nach dem ersten Jahr ein Sonderkündigungsrecht habe, falls der Laden überhaupt nicht läuft. Das nimmt die Spannung raus." *Christina Wille, Loveco*

Wie steht es mit der Eröffnungsparty?

„Geh nicht von einem festen Eröffnungstermin aus. So sparst du dir viel Stress, vor allem, wenn der Laden erst noch renoviert wird. Wir mussten wegen Baustellenhindernissen immer wieder verschieben. Am Ende gab es einen soften Start – und die große Party schmissen wir erst nach zwei Monaten. So konnten wir uns etwas einspielen und an unseren Laden gewöhnen, das war perfekt." *Elisabeth Windfelder und Jasmin Marschall, herr holgersson*

Wie werde ich mir eine gute Chefin?

„Ich kenne dieses nagende, schlechte Gewissen: Wenn du im Laden bist, bist du nicht bei deinen Kindern oder deinem Mann und umgekehrt. Aber das hilft keinem etwas. Es schwächt nur: dich und alle anderen um dich herum. Sei lieber ganz (!) authentisch und mach nur, was dir gefällt. Höre nicht auf die Stimmen, die sagen: ‚Tu dieses, tu jenes!' Dann ist es wunderbar, eigene Entscheidungen zu treffen und niemandem Rechenschaft ablegen zu müssen." *Sonja Messing, Schoscha*

„Schau, dass du dich nicht in der Arbeit verlierst. Gönn dir Ruhe und sei nicht zu hart zu dir selbst. Wenn du Kinder hast, weißt du ohnehin, dass nicht jeder Tag so endet wie du ihn geplant hast. Diese Gelassenheit bringt dich weiter und lässt dich unvorhersehbare Situationen auch als etwas Positives annehmen." *Carolin Akstinat und Kathrin Radermacher, Grünblaugrau Intérieur*

Welches ist der beste Verkaufstag und warum?

„Unter der Woche haben wir viele Anfragen von den Firmen, telefonisch oder via Mail, gegen Wochenende kommt dann eher die private Kundschaft." *Barbara Blaser und Azra Dugumovic, Lavanda*

„Generell merken wir freitags und auch donnerstagnachmittags schon ein bisschen Vorwochenend-Bummelstimmung, der Umsatz steigt. Samstags ist natürlich auch immer gut. Mittwochmittags sind wir fast die Einzigen im Ort, die geöffnet haben: eine sehr gute Entscheidung. In den ersten Monaten war an diesem Mittag nicht so viel los, inzwischen genießen aber viele Kunden diese ‚Insel' und kommen mittwochs ganz gezielt zu uns. Wir haben an diesem Tag inzwischen ganz normalen Umsatz." *Elisabeth Windfelder und Jasmin Marschall, herr holgersson*

„Der beste Verkaufstag ist der, an dem du gut gelaunt und voll positiver Energie morgens den Laden eröffnest." *Stefanie Marthold, Edi m.*

„Ganz klar der Samstag, weil da viele Leute im Stadtteil Eimsbüttel unterwegs sind. Der Montag ist übrigens auch stark. Vermutlich, weil dann all diejenigen shoppen gehen, die Ruhetag haben." *Nicole Hansen, frau hansen*

„Laut Abrechnung ist es der Donnerstag. Aber ich glaube, dass es immer die Tage sind, an denen du 100 Punkte auf deiner Liste hattest, ein Chaos in jedem Winkel herrschte, fünf Lieferanten dir mannshohe Kisten in den Eingang stellen – also immer dann, wenn du eigentlich null damit gerechnet hast." *Barbara von der Preuß, Lille Drømme*

„Natürlich wird es gegen Wochenende immer besser. Freitag und Samstag sind die verkaufsstärksten Tage. Aber: Manche Kunden wollen sich auch am Montag dafür belohnen, dass sie nach dem Wochenende aufgestanden sind und arbeiten waren! Vor Feiertagen wie Ostern oder Weihnachten ist natürlich kontinuierlich mehr los als sonst. Stell dich darauf ein!" *Coco Turtureanu und Lily Sielaff, Jewelberry*

(Wann) lohnt sich ein Onlineshop?

„Das kommt auf das Konzept des Ladens an. In meinem Fall ist es überlebensnotwendig. Ich könnte nicht nur durch meine lokalen Kunden überleben, deshalb verkaufe ich auch über verschiedene große Portale wie Pamono. Mittlerweile habe ich Kunden in den entlegensten Orten in Deutschland, der Schweiz, England und sogar in Frankreich." *Alexa Müller, 69 m²*

„Am Onlineshop kommt keiner vorbei. Doch Grafiker und Programmierer kosten Geld, das drückt, gerade zu Beginn, aufs Budget. Mittlerweile gibt es aber ein breitgefächertes Angebot an kostenlosen Shop-Plattformen: Ich habe mich an Tictail (tictail.com) gewandt: ein optisch ansprechendes Marktplatzsystem für jedermann, das technisch ständig weiterentwickelt wird, ohne dass ich dafür Programmierkosten zahlen muss. Gemeinsam ist man eben stärker, jeder Laden behält aber seine Unabhängigkeit. Man lädt eigene oder Herstellerfotos hoch und setzt einen prägnanten Produkttext dazu. Eine tolle Lösung, um von Anfang an im Netz präsent zu sein." *Stefanie Marthold, Edi m.*

„Du kannst dich über Onlineshops ganz vorsichtig auf dem Markt vorantasten, ohne ein großes Kostenrisiko einzugehen. Du sparst Ladenmiete und weitere Kosten, die mit dem Unterhalt verbunden sind wie Internet, Telefon, Strom, Versicherung etc. Über Plattformen wie Facebook, Pinterest & Co. siehst du außerdem, wie deine Produkte bei potenziellen Kunden ankommen. Das heißt, du lernst deine Zielgruppe kennen!" *Anja Skonieczny, Mima Vintage Lädchen*

„Lagerfläche ist immer günstiger als Ladenfläche, dazu fallen die Kosten für die Einrichtung weg. Ein Onlineshop ist deshalb eine kostengünstige Möglichkeit, sich selbstständig zu machen und eine breite Kundengruppe anzusprechen. Ein paar Regale, Produkte mit Abbildungen und eine gute Software reichen da fast aus. Man ist zeitlich ungebunden und kann die Bestellungen in der ruhigeren Zeit oder Freizeit bereitstellen." *Barbara Blaser und Azra Dugumovic, Lavanda*

„Eigentlich immer. Außer das Produkt lässt sich nicht versenden! Man kann schon für kleines Budget einen einfachen professionellen Internetauftritt finanzieren. Komplexe, ansprechend designte und programmierte Webseiten mit Bestellsystem sind jedoch ein großer Kostenfaktor. Dazu kommen Produktfotos, Bildbearbeitung, Einpflegen der Produkte, Verschlagwortung und Beschreibungen – das frisst jede Menge Zeit." *Coco Turtureanu und Lily Sielaff, Jewelberry*

Was kann ich tun, um mit dem Laden im Gespräch zu bleiben?

Viele unserer Shop Girls posten täglich (!) Bilder aus ihrem Laden auf Facebook oder Instagram: Ob neue Ware, Inspirationsfotos, Eventbilder oder das „Dress of the Day". Manche arbeiten dafür sogar vor, damit die Kette nicht abreißt, wenn sie ein paar Tage im Urlaub sind.

„Auch wenn es ganz ruhig ist, kannst du die Zeit nutzen: Ich stelle mich dann einfach vor meinen Laden und gebe den Passanten meine Flyer mit." *Christina Kronawitter, mein herzblut*

„Gau-Algesheim hat kein eigenes Kino – bis auf uns: Einmal pro Monat gibt es im Laden via Beamer einen handverlesenen Kinofilm zu sehen. Die Lizenz kostet etwa 350 Euro im Jahr. Der Eintritt ist für unsere Gäste frei, wir stellen aber im Eingang einen ‚Kulturbeutel' auf, da kann jeder spenden, was ihm dieser Abend wert ist. Damit sind wir bis jetzt sehr gut gefahren." *Elisabeth Windfelder und Jasmin Marschall, herr holgersson*

„Ich setze auf Mundpropaganda – für mich die nachhaltigste Art des Marketings. Wenn ich Inserate schalte, dann nur in Magazinen, die ich selbst verkaufe und die meinem Sinn für Ästhetik entsprechen: etwa in der Zeitschrift ‚Original' oder im örtlichen Kinoprogramm, das nur Studiofilme zeigt. Damit erreiche ich dann auch genau meine Zielgruppe. Außerdem biete ich DJ-Partys, Lesungen und Livemusik mit Cocktails an – das ist ambitioniert, aber es verschafft mir den Ruf, ein etablierter Kultur-Hotspot am See zu sein." *Sonja Messing, Schosch*a

Was hältst du von einem Ruhetag?

„Ist in jedem Fall notwendig und sollte gleich von Anfang an mit eingeführt werden. Auch weil man achtsam mit sich selber und mit seiner Gesundheit umgehen sollte. Wer also schlecht Dinge aus der Hand geben kann (so wie ich), sollte sich den freien Tag auf jeden Fall gönnen – und dann auch bewusst nichts für den Laden machen, was mal mehr und mal weniger klappen wird." *Dagmar Gauger, echt Liebenswert*

„Mir reicht der Sonntag, und den brauche ich auch unbedingt: Einfach zu wissen, dass niemand im Laden steht, dass nichts passieren kann, ist enorm beruhigend. Einen weiteren Tag in der Woche haben wir nicht geschlossen, weil wir merken, dass viele Touristen noch Montag oder Dienstag in der Stadt sind. Da macht es für uns Sinn, geöffnet zu haben." *Christina Wille, Loveco*

„Ich habe mir den Tipp meines Vermieters zu Herzen genommen. Ursprünglich wollte ich Montag und Samstag von 9 bis 14 Uhr geöffnet haben. Allerdings erwacht das Belgische Viertel in Köln am Wochenende erst um die Mittagszeit. Deshalb lasse ich jetzt montags den Laden ganz geschlossen und bleibe dafür samstags bis 16 Uhr hier. Der Ruhetag war eine super Entscheidung: Mit zwei kleinen Kindern, dem Haushalt und der ganzen Buchhaltung sind zwei freie Tage am Stück sehr wertvoll." *Nina Kleinz, Goldregen Floral Design*

„Ein Ruhetag muss sein. Bei mir wartet da die Fotografie, die Büro- und Social-Media-Arbeit, ich stelle neue Artikel in den Onlineshop und erledige den Haushalt." *Christina Kronawitter, mein herzblut*

„Nichts – bevor ich mir Personal leisten konnte, stand ich selbst sechs Tage im Laden. Einen Ruhetag würden unsere Kunden nicht verstehen, wir sind ja kein Dienstleistungsunternehmen. Seit der Eröffnung war der Laden höchstens mal einen halben Tag geschlossen." *Nicole Hansen, frau hansen*

„In meinem Fall ist er wichtig und völlig legitim. Ich habe mich bei der Gestaltung meiner Öffnungszeiten an etablierten Läden im Leipziger Kiez orientiert. Mein Ruhetag ist der Montag. Das ist im Grunde ein Tag, an dem alles kann, aber nichts muss. Ich versuche bewusst das Tempo rauszunehmen und nutze ihn vor allem als Produktionstag in meiner Werkstatt. Wenn nicht gerade eine Schlange von Auftragsarbeiten ansteht, experimentiere ich herum oder geh' auch mal raus. Dieses freie Gefühl an ‚meinem Montag' macht mich sehr zufrieden und erhält mir den Raum, meine Kreativität nicht zu ersticken." *Anja Skonieczny, Mima Vintage Lädchen*

„Ein Ruhetag sollte unbedingt eingebaut werden. Um soziale Kontakte zu pflegen und Energie zu tanken für die neuen Herausforderungen. Es ist nichts Neues, aber als Selbstständiger bist du sonst tatsächlich immer ‚selbst' und ‚ständig' gefragt." *Barbara Blaser und Azra Dugumovic, Lavanda*

„Wir sahen keinen Sinn darin, in der gutfrequentierten Schanzanlage den Laden einen Tag geschlossen zu lassen. Wir finden es sehr wichtig, uns auch Ruhephasen zu gönnen, um kreativ zu bleiben. Deshalb arbeiten in beiden Läden zwei Tage Aushilfen im Verkauf." *Coco Turtureanu und Lily Sielaff, Jewelberry*

KICK FÜRS SELBSTBEWUSSTSEIN

INTERVIEW MIT GRÜNDUNGSCOACH BRIGITTE WINDT

Schaffe ich das? Bin ich ein Shop Girl? Der Weg zum eigenen Laden besteht natürlich aus vielen kleinen Schritten. Bevor du startest, solltest du innehalten und Inventur machen: bei dir selbst. Ein Gespräch mit Gründungscoach Brigitte Windt über gesunde Entscheidungen, geborene Unternehmerinnen und die Reise zu sich selbst.

Frau Windt, als Gründungscoach beraten und begleiten Sie viele Frauen auf dem Weg in die Selbstständigkeit. Woher kommt diese große Sehnsucht nach Selbstbestimmung und gestalten wollen?

Je mehr eine Frau sich ihrer selbst bewusst ist, desto mehr will sie gestalten. Das ist ihre Natur. Die Welt steht ihr offen: Sie ist gebildet, sie ist reflektiert. Da liegt es nahe, dass sie ihre eigenen Bedürfnisse ernst nimmt und ihre Talente entfalten will. Es geht Frauen darum, ihrem Leben ganz bewusst das eigene Design, den eigenen Stempel zu verpassen. Viele machen vorab auch prägende Erfahrungen im Job: Ihre Arbeit wird nicht wertgeschätzt, oder man erwartet, dass sie sich an starre Bedingungen anpasst, die einfach nicht (mehr) zu ihr passen. Wenn sie bliebe, drohen Depression und Burnout. Deshalb ist es für viele Frauen eine logische Folge, neue, andere und vor allem gesunde Entscheidungen zu treffen. Die Selbstständigkeit kann so eine gesunde Arbeitsform sein: weil sie jetzt für sich selbst und für sinnvolle Inhalte arbeitet, weil sie Tempo und Rhythmus flexibel bestimmt. Und weil sie sich aussuchen kann, wann sie regeneriert und auf welchem Wege sie mit wem, wie lange und worüber kommuniziert.

Welche Fähigkeiten sollten bei Unternehmerinnen besonders ausgeprägt sein – und wie lassen sich diese „Muskel" am besten trainieren?

Die elementarste Voraussetzung ist der Bezug zum eigenen Inneren, zu sich selbst. Das ist die höchste Instanz. Auf Ihre innere Stimme zu hören, das ist viel bedeutsamer als die Summe Ihres Expertinnen-Know-hows und Ihrer kaufmännischen oder betriebswirtschaftlichen Kenntnisse. Denn wer sich selbstständig macht, wird im unternehmerischen Alltag immer wieder auf sich selbst zurückgeworfen. Die Chefin sind Sie! Darum sollten Sie wissen, mit wem Sie es da zu tun haben: Kennen Sie Ihre Prägungen, Vorbehalte, Erwartungen, Anhaftungen, Denkmuster, Ihre Werte, Einstellungen und Haltungen? Wissen Sie, womit Sie sich selbst im Wege stehen, welche Arbeits- und Kommunikationsbedingungen Sie brauchen, an welche Sicherheiten Sie sich klammern, welche Risiken Sie eingehen können, wie mutig oder ängstlich Sie sind?

Ein eigener Laden, das heißt auch: allein gegen Online-Giganten, 60-Stunden-Wochen, Durststrecken und Zukunftsängste. Sind unsere Shop Girls alle Masochistinnen?

Als Unternehmerin müssen Sie mehr mitbringen als nur produktbezogene Kompetenz. Sie brauchen Interesse an allen unternehmerischen Fragen, Lust auf Verantwortung und die absolute Gewissheit, dass Sie erreichen werden, was Sie sich vorgenommen haben. Gründerinnen müssen Führung beweisen, und zwar zu allererst bei sich selbst. Dazu ist es notwendig, dass Sie Ihre Ziele kennen und Ihre Bedürfnisse. Jede Gründerin darf sich diese Fragen stellen: Welche inneren und äußeren Arbeitsbedingungen brauche ich, damit ich effizient bin? Was muss ich wirklich selbst wissen und worauf kann ich verzichten? Welche Komponenten meines Unternehmens möchte ich an Spezialisten delegieren? Unternehmensführung ist immer auch Lebensführung. Wie steht es mit meiner Wertschätzung gegenüber meiner eigenen Selbstständigkeit, meiner Lebenszeit, meiner Lebenskraft?

Alles in Balance zu halten, ist eine sehr weibliche Fähigkeit. Inwiefern gründen Frauen anders?

Sie handeln vorausschauender. Das heißt, sie handeln von Natur aus unternehmerischer: Das Risiko ist ihnen bewusster als Männern. Sie sind Meisterinnen im Networking und sie haben einen angeborenen Sinn für organisches Wachstum.

Welche Kernkompetenzen bringt jede Frau von Natur aus mit?

Frauen sind die geborenen Unternehmerinnen. Ganz einfach, weil sie stets das Ganze im Blick haben. Sie sind geübt im vorausschauenden Denken und im lebenserhaltenden Handeln – nicht nur, wenn sie Mann und Kinder zu Hause haben. Dennoch bin ich dafür, dass Absolventinnen der Lebensschule Familie in Zukunft für ihre Leistung ausgezeichnet werden und Praktikerinnen des Leistungskurses Alleinerziehend eine Art Sonderpreis erhalten: Sie übernehmen im Alltag so viel Verantwortung, können hervorragend organisieren und improvisieren, sind belastbar und gleichzeitig kreativ. Gerade Mütter sind wahre Allrounder: Sie haben Talente in Psychologie, Kommunikation und Ernährungswissenschaften, im Gesundheitswesen und in der Pflege, in der Budgetverwaltung, im Controlling, in der Mitarbeiterführung, viele sind übrigens zusätzlich noch als Motivations- und Ausdauertrainerinnen unterwegs. 24 Stunden täglich, sieben Tage die Woche.

„KLAR IST: DIE CHEFIN SIND SIE! ABER WISSEN SIE AUCH, MIT WEM SIE ES DA ZU TUN HABEN?"

Heißt das, Frauen sehen ihr Unternehmen eher als lebendigen Organismus?

Genau. Zudem sind Frauen sehr gute Beobachter, und sie nehmen ihre Umgebung meist differenzierter wahr als Männer: sowohl die schlummernden Potenziale ihrer Mitarbeiter als auch die Bedürfnisse des Kunden. Sie wollen, dass es auch ihrem Umfeld gut geht. Im Job herrscht ein förderndes Klima, und die sozialen Strukturen im Unternehmen sind für jeden Einzelnen sinnvoll? Dann steht mit hoher Wahrscheinlichkeit eine Frau an der Spitze. Weiblich geführte Unternehmen haben einen längeren Atem. Sie wachsen langsamer. Aber sie bleiben länger am Markt.

Die meisten Shop Girls betonen, die Dinge gern im Griff zu haben. Muss man denn alles allein können?

Das klingt nach Lust an Macht und Selbstermächtigung. Allerdings: Wer glaubt, als Selbstständige ständig alles selbst machen zu müssen, wird genauso handeln. Und sich letztlich als Sklave ihrer selbst wiederfinden. Der Unterschied zu einer abhängigen Beschäftigung ist dann nur noch graduell. Wenn Sie jedoch das Selbstständigsein als natürlichen Zustand begreifen, sind Sie ständig Sie selbst. Das ist eine außergewöhnliche Herausforderung und eine großartige Chance. Aus dieser Perspektive werden Sie differenziert und klug mit eigenen Stärken und Schwächen umgehen und Entscheidungen treffen, die genau richtig für Sie sind. Sie werden wissen, wann Sie eine Alleskönnerin sein möchten und wann nicht.

„WER GLAUBT, ALS SELBSTSTÄNDIGE IMMER ALLES SELBST MACHEN ZU MÜSSEN, WIRD GENAUSO HANDELN.“

Also sollte sich jede Frau erst einmal mit sich selbst beschäftigen, bevor ihr Businessplan steht?

Unbedingt. Sie werden erfreuliche und bisher verborgene Seiten an sich entdecken. Sie werden psychische Abgründe und emotionale Höhenflüge kennenlernen. Sie werden erkennen, dass Ihre Persönlichkeit unendlich vielfältig ist – und dass das in Ordnung ist. Sie dürfen überlegen, an wem Sie sich künftig orientieren wollen und an wem nicht, wem Sie sich noch anpassen wollen und wem nicht. Ihnen wird klar, wie Sie künftig mit Erwartungen umgehen werden – mit den eigenen Ansprüchen, aber auch mit denen Ihres Umfelds. Und nebenbei lernen Sie, dass Sie alles meistern können, wozu Sie sich herausfordern. Weil Sie ein zunehmendes Gefühl für Ihre eigene Wahrheit entwickeln. Das ist die einzige Sicherheit, die es gibt: die eigene Wahrheit. Sie ruht hinter all der Vielfalt in Ihnen selbst. Jede Selbstständigkeit ist eine Reise zu sich selbst und gleichzeitig ein Kunstwerk, das Sie aus sich selbst heraus erschaffen.

Auch unsere Gründerinnen machen alle einen hervorragenden Job. Trotzdem sind sie eher zurückhaltend, wenn es darum geht, die eigenen Erfolge zu feiern.

Im Gegensatz zu vielen Männern, ja. Aber die Lösung ist nicht, sich am männlichen Pendant zu orientieren oder männliches Verhalten künstlich nachzuahmen. Ich empfehle Frauen, sich auf sich selbst zu besinnen. Zu lernen, einen selbstbezogenen Lebensstil zu entwickeln. Sie tragen ja alle Weisheit und damit auch alle Antworten schon in sich. Es ist Zeit, auf diese innere Stimme zu hören, sie wahr und ernst zu nehmen, sich auf sie auszurichten und sie konsequent zu leben. Jede Frau, die einmal die Erfüllung des ihr immanenten Wissens und ihrer immensen Kraft genossen hat, wird das Potenzial und diese Chance immer wieder nutzen wollen.

„ES IST ZEIT, AUF IHRE INNERE STIMME ZU HÖREN, SIE WAHR UND ERNST ZU NEHMEN, SICH AUF SIE AUSZURICHTEN UND SIE KONSEQUENT ZU LEBEN."

BRIGITTE WINDT

Brigitte Windt ist Unternehmensberaterin und Gründungscoach in Berlin. Die Autorin von „Mach dich selbstständig!" (Ariston, 14,99 €) appelliert in ihrer Arbeit an den natürlichen Zustand des Menschen, an das Selbstständigsein. In ihrem Blog brigitte-windt.de veröffentlicht sie Tipps, Texte und Illustrationen für Selbstständige und alle, die es (wieder) werden wollen.

BLOSS NICHT!

SONJA VÖLKERS ZEHN DO'S & DONT'S IN DER ANFANGSPHASE

Kann es jetzt endlich losgehen? Augenblick noch, es gibt da ein paar Stolpersteine. Sonja Völker, deren Papeterie wir ab Seite 72 vorstellen, kennt die zehn größten Denkfehler, die dir den Weg zum Erfolg versperren können. Und sie verrät dir, wie du sie elegant umgehst.

1) … zimperlich sein.

„Ganz ehrlich: Es ist viel, VIEL! Arbeit. Weit mehr, als du dir im Moment vorstellen kannst. Und es ist ganz, GANZ! anstrengend, die Chefin zu sein. Du hast eine riesige Verantwortung, alle deine Angestellten verlassen sich voll auf dich. Wer sich also eher nach Zurücklehnen und nach einem lässigen Job mit viel Freizeit, sechs Wochen Urlaub und Weihnachtsgeld sehnt: Finger weg!"

2) … sich mit einer Partnerin zusammentun.

„Bestimmt gibt es Freundschaften, die auch ein gemeinsamer Laden nicht aus der Bahn wirft. Ich habe aber auch schon schlimme Streitereien erlebt, als es mit dem Umsatz, der Arbeitsteilung und dem ganzen gemeinsamen Projekt nicht so gut lief. Kurz: Für mich wär's nix! Ich führ' lieber einen Würstelstand allein als ein Kaufhaus-Imperium zu zweit!"

3) … alles allein stemmen wollen.

„Klar, wir Frauen wollen alles allein schaffen. Wer weiß, wem wir's zeigen wollen: vielleicht uns selbst, vielleicht dem Mann im Hintergrund, vielleicht der ganzen Welt. Der Witz ist, wir schaffen tatsächlich alles. Aber noch stärker ist, wer sich Hilfe holt und loslässt, damit zwischendurch Zeit zum Durchschnaufen bleibt. Übrigens: Hier übe ich immer noch."

4) … es allen recht machen wollen.

„Tu dir selbst einen Gefallen und pass dich nicht jedem Trend an! Es ist verführerisch, weil es vielleicht mehr Umsatz und gute Presse verspricht. Aber es schwächt deinen Auftritt. ‚Bio' und ‚vegan' zum Beispiel sind keine Themen für mich. Ich produziere meine Kindermode zum Großteil in Wien, und genau dafür steht mein Label."

5) … im stillen Kämmerchen brüten.

„Geh raus und schau dir an, was deine Mitbewerber toll machen oder was dir an anderen Läden generell besonders gut gefällt. Wo dein Interesse am größten ist, dort wird auch dein Talent sitzen. Und dann gibst du genau in dem Bereich Gas, in dem du der Profi bist."

6) … von 0 auf 100 beschleunigen.

„Man kann lernen, die richtigen Entscheidungen im richtigen Moment zu treffen. Wenn ich eine Idee habe, lege ich normalerweise sofort los. Trotzdem habe ich auf den optimalen Standort für meine zweite Papeterie warten müssen – und zwar jahrelang. Jahrelang! Das war eine der größten Herausforderungen für mich. Und für meine Verhältnisse eine fast übermenschliche Leistung."

7) … perfekt sein wollen.

„Unter uns: An der Front bin ich eine Katastrophe. Ich kann furchtbar schlecht verkaufen, dafür bin ich viel zu ungeduldig und auch zu wenig einfühlsam. Du musst nicht alles können, aber du musst deine Stärken kennen und daraus handeln. Die Schwächen interessieren dann keinen mehr."

8) … (sich) zu billig verkaufen.

„Ich habe keinen festen Kalkulator für meine Ware. Diese Hin- und Herrechnerei kostet mich viel zu viel Energie. Ich habe aber ein gutes Gespür für die Wertigkeit meiner Produkte. Und danach setze ich die Preise fest, einfach aus dem Bauch heraus."

9) … zweifeln.

„Ich musste das erst lernen, fang du besser gleich damit an: Schätze und feiere deinen Erfolg! Ich bin zum Beispiel immer noch zu Tränen gerührt, wenn ich jemanden mit einer Tüte aus meinem Shop durch die Stadt laufen sehe. Sich der eigenen Größe bewusst werden, das ist für dein Selbstbewusstsein sehr wichtig."

10) … sich vor Veränderungen fürchten.

„Sag dir stattdessen lieber: Jetzt will ich's wissen! Wer nichts riskiert, gewinnt auch nichts. Es gibt keine Garantie fürs Gelingen, aber selbst wenn du scheiterst, bist du kein Versager. Sondern du bleibst immer das, was du sowieso schon bist: eine mutige Frau."

SONJA VÖLKER

Sonja Völker hängte ihren Beruf als Lehrerin 2005 an den Nagel und gründete das Label Herzilein Wien. Ihre farbenfrohe Kindermode wird in Österreich gefertigt und ist ein Geheimtipp unter Promis von Heidi Klum bis zum Swarovski-Clan. Ihre Stoffwerkstatt inklusive Näh-Café gilt in Wien als Institution. Mit zwei Papeterien in der Innenstadt widmet sich die zweifache Mutter nun der Schreibkultur. Ihr Erfolgsgeheimnis? Herzilein ist kein Job, sondern eine Lebenseinstellung.

EINKAUFSERLEBNISSE SCHAFFEN

GESTALTUNGSTRICKS FÜR DEINEN LADEN VON MARKETINGEXPERTIN SABINE GAUDITZ

Was du auch verkaufen willst: Das Auge shoppt mit. Deine Dekoration ist also eine wichtige Erfolgssäule. Doch was weckt die Neugier? Was schürt das „Haben wollen" in deinen Kunden? Worüber stolpert man? Die Nürnberger Schauwerbegestalterin und Dozentin Sabine Gauditz verrät Gestaltungstricks, die deinen Laden garantiert unwiderstehlich machen.

1. Stoppschild: dein Außenauftritt

Wichtigste Aufgabe des Außenauftritts ist, Passanten am Weiterlaufen zu hindern. Wie gelingt dir das? Ganz einfach: Sorge für Abwechslung. Das geht auch ohne großes Budget. Etwa mit großen, lackierten Holzplatten, die auch die langweiligste Fassaden aufpeppen. Überlege dir eine Farbgestaltung, die zu deinem Logo passt, und wiederhole deinen Firmennamen auf Ständern und Aufstellern. Das zeichnet ein harmonisches Gesamtbild und spiegelt deine Kreativität, deine Kompetenz und nicht zuletzt die Qualität deiner Ware.

2. Blickmagnet: dein Schaufenster

Das Schaufenster ist die Visitenkarte deines Ladens – und ein wichtiges Marketinginstrument. Gute Schaufenster erzählen visuelle Geschichten, die das Unterbewusstsein als positive Erinnerung abspeichert. So ein „Kaleidoskop" muss verführen: zum Staunen, zum Schmunzeln und schließlich zum Betreten deines Geschäfts. Diese Fläche darf also auf keinen Fall ein Warenlager sein! Solltest du dich beim Gewerbeverein engagieren, denk auch daran: Ohne Schaufenster sind Innenstädte öde und leer. Insofern trägst du aktiv etwas zum gelungenen Stadtmarketing bei! Behalte das beim nächsten Unternehmerstammtisch ruhig im Hinterkopf und fordere Unterstützung.

Diese Fragen solltest du dir beim Dekorieren immer wieder stellen:

- Lädt meine Deko zum Nähertreten ein?
- Spiele ich im Schaufenster mit Farbe, Licht und Bewegung?
- Erzähle ich Geschichten, wecke ich (verborgene) Wünsche?
- Sind meine Produkte gruppiert und für das Auge leicht erfassbar?
- Habe ich die Faustregel „weniger ist mehr" beherzigt?
- Habe ich für kleinteilige Produkte und eine Raumstruktur Podeste genutzt?

3. Zaubern ohne doppelten Boden: deine Raumgestaltung

Ich bin für mehr Autos, Elefanten und Siegerpodeste in Süßwarenläden! Ganz im Ernst: Je unerwarteter das Gestaltungselement, desto unvergesslicher das Einkaufserlebnis für deine Kunden. Am Anfang hilft dir ein Moodboard: Hier kannst du spielerisch Materialien, Objekte und Farben in Zusammenhang mit deinem Sortiment setzen. Mach dich frei von „Standards", lass dich von Zeitschriften, Reisen, aber auch anderen Branchen und Geschäftsmodellen inspirieren! Die Shop Girls in diesem Buch machen das vorbildlich: Sie möblieren ein Blumengeschäft mit einer alten Werkbank und stellen ein feuerrot lackiertes Kinderbett in den Bücherladen. Das schafft Reize!

4. Bühne frei für Abenteu(r)er: gelungene Warenbilder

Dein Kunde will kein Produkt kaufen, sondern ein Erlebnis. Also schenkst du es ihm! Räume zusätzlich zur Produktpräsentation auf Regalen, Ständern oder Tischen eine Fläche zur „freien Gestaltung" frei: eine extra Bühne im Zentrum deines Ladens. Hier setzt du keine Produkte, sondern Warenbilder in Szene. Rücke ein Thema, eine Farbe oder eine Idee in den Mittelpunkt. Arbeite mit flexiblen Elementen, überrasche deine Kunden, spiel verrückt: Ob Strohballen, eine Badewanne, eine Werkbank oder Fahrräder – jede Warenpräsentation wird spannend, wenn ein unerwartetes Element im Mittelpunkt steht. Beispiele: Staple T-Shirts nicht im Regal, sondern in einem Kühlschrank, lass die Jeans an Fleischerhaken von der Decke baumeln. Präsentiere Schuhe auf silbernen Tabletts oder nagle Geschirr an die Wände. Das ist erfolgreiches Visual Merchandising. Du gestaltest einen Traum! Und das weckt in deinem Kunden nicht das Gefühl von „brauchen", sondern von „haben wollen".

Vier Basics zur Raumgestaltung Diese Bereiche müssen immer stimmen – unabhängig vom Budget!

- **Der Boden entscheidet über die emotionale Raumwirkung.** Farbe und Material beeinflussen die Stimmung deiner Kunden. Auch wenn es nicht einfach ist, am vorhandenen Boden etwas zu verändern: Es gibt viele Möglichkeiten, eine Alternative für den „weißen Fliesenboden" zu finden. Auf keinen Fall solltest du dich „erstmal" mit einem unharmonischen Belag zufriedengeben – das Gesamtergebnis wird immer darunter leiden.

- **Licht lockt Leute.** Allerdings nur, wenn du mit Lichtfarbe, Grund- und Akzentbeleuchtung spielst. Verschiedene Lichtzonen modellieren den Raum, erzeugen Spannung und heben Produkte hervor. Wenn du die Wahl hast, entscheide dich für ein Lichtschienensystem. Damit kannst du flexibler gestalten als mit Einbaustrahlern.

- **Farbe ist dein kostengünstigstes Gestaltungselement!** Um den richtigen Ton zu treffen, nimm dein Sortiment, aber auch die Architektur des Raums unter die Lupe: Eine dunkelblaue Wand in einem lichten Altbau hat eine völlig andere Wirkung als in einem 50 Quadratmeter kleinen nach Norden hin ausgerichteten Verkaufsraum. Wird der Raum ausschließlich in neutralem Weiß gehalten, kann das bei sehr bunter Ware von Vorteil sein – aber auch schnell langweilig wirken. Mein Tipp: farbige Flächen. Sie sind eine willkommene Ruhezone für das Auge und emotionaler als der Blick auf eine weiße Wand.

- **An die Decke gehen.** Die Decke in Verkaufsräumen besteht leider häufig aus abgehängten Platten. Relativ unansehnlich – aber je nach Sortiment und Präsentationskonzept kannst du auch hier Haken, Stangen oder Gitter befestigen.

Kleine Schaufenster-Basics

- Ein Gitter oder Stangen an der Decke sind praktisch und effektiv, weil du daran Stoffbahnen, Tapeten oder Plakate aufhängen kannst.
- Flexible Podeste setzen gerade kleinteilige Ware gut in Szene, und du kannst ständig variieren.
- Wenn du Mode verkaufst, lohnt eine Investition in hochwertige Schaufensterfiguren.
- Damit deine Inszenierung gut sichtbar ist, solltest du unbedingt eine Stromschiene mit flexiblen Strahlern installieren lassen.
- Das Schaufenster ist 24 Stunden „online", also setze auch auf entsprechende Nachtbeleuchtung.

SABINE GAUDITZ

Sabine Gauditz ist Gestalterin für Visuelles Marketing in Nürnberg. In Fachartikeln, Vorträgen und Seminaren zeigt sie, wie man seine Kunden nachhaltig überzeugt und begeistert. Und zwar jenseits von Warentürmen und niedrigen Preisen. Infos unter arte-perfectum.de.

UND JETZT MACHEN WIR PARTY!

DIE LIEBLINGS-REZEPTE DER SHOP GIRLS

GINGER PORT

ZUTATEN:

für 4 Gläser

3 unbehandelte Limetten, 12 Eiswürfel, 120 ml roter Portwein, 240 ml Ginger Beer, Pfefferminzblätter

Tipp: Wer es lieber alkoholfrei hat, ersetzt den Portwein durch Johannisbeersirup.

SO WIRD'S GEMACHT:

1. 2 Limetten auspressen und 40 ml Saft abmessen. Die dritte Limette in Scheiben schneiden.
2. Jeweils 3 Eiswürfel und 1 Limettenscheibe in jedes Glas geben. Darauf pro Drink 30 ml Portwein und 10 ml Limettensaft gießen.
3. Die Mischung mit Ginger Beer auffüllen und mit Pfefferminzblättern dekorieren.

FUCHS & BENTE . MAINZ → SEITE 56

LINSENSALAT

Schmeckt erfrischend im Sommer – und auch lauwarm in der kühlen Jahreszeit

ZUTATEN:

Teig
1 EL Instant-Gemüsebrühe, 500 ml Wasser, 1 rote Zwiebel, 6 Nelken, 1 Packung rote Linsen, Olivenöl, Honig, weißer Balsamicoessig, Salz, Pfeffer, 500 g Cocktailtomaten, 1 Bund Frühlingszwiebeln, 3 Möhren, Petersilie

SO WIRD'S GEMACHT:

1. Wasser aufkochen, Gemüsebrühe zugeben. Zwiebel halbieren und die Nelken in die Zwiebel drücken. Dann beide Hälften in die Brühe geben und mit den Linsen ca. 5–6 Minuten köcheln lassen. Achtung: Die Linsen dürfen nicht aufplatzen, ansonsten wird der Salat matschig!
2. Brühe abschütten, davon etwa 200 ml auffangen. Nelken entfernen und den aufgefangenen Sud zusammen mit etwas Olivenöl, Honig und weißem Balsamicoessig pürieren. Dressing mit Salz und Pfeffer abschmecken.
3. Die Linsen abkühlen lassen. Tomaten halbieren, die Frühlingszwiebeln schneiden und Möhren klein hacken. Danach alles gut mit dem Dressing vermengen und mit Petersilie dekorieren.

GOLDREGEN FLORAL DESIGN . KÖLN → SEITE 24

AUBERGINEN-PARMESAN-CHIPS AUF SOMMERLICHEM PASTASALAT

Fingerfood zu Sommerfesten

ZUTATEN:

Chips
2 Auberginen, 75 g Parmesan

Salat
200 g Fusilli Tricolore, 1 Glas getrocknete Tomaten, frische Tomaten, 1 Salatgurke, Olivenöl, Meersalz, Pfeffer, etwas Honig, Pinienkerne

SO WIRD'S GEMACHT:

1. Backofen auf 200° Ober-/Unterhitze vorheizen. Ein Blech mit Backpapier auslegen. Auberginen in dünne Scheiben schneiden und auf dem Backblech ausbreiten. Parmesan reiben und großzügig darübergeben. Das gefüllte Blech für 8–10 Minuten in den Backofen geben, bis die Auberginen goldbraun überbacken sind.
2. Inzwischen Wasser aufsetzen. Nudeln nach Packungsanweisung kochen. Währenddessen getrocknete Tomaten, frische Tomaten und eine Salatgurke in kleine Stücke schneiden.
3. Wenn die Nudeln al dente sind, Wasser abgießen und die Nudeln in eine Schüssel füllen. Mit Olivenöl, Meersalz, frischem Pfeffer und ein wenig Honig verfeinern, dann das kleingeschnittene Gemüse untermengen. Den Pastasalat in kleine Schälchen oder Weckgläser abfüllen, mit Pinienkernen und den gebackenen Auberginen-Parmesan-Chips garnieren.

GRÜNBLAUGRAU INTÉRIEUR . KÖLN → SEITE 8

DRØMMEKAGE (TRAUMKUCHEN)

Diesen original dänischen Kuchen serviert Barbara fast immer im Laden, einfach zum Probieren. Er gelingt immer und schmeckt am zweiten Tag am besten.

ZUTATEN:

für eine Auflaufform von ca. 25 x 40 cm

Teig
75 g Butter (gern dänische, gesalzene; alternativ eine Prise Salz dazu), 100 ml Milch, 125 g Mehl, 1 TL Backpulver, 2 Eier (nicht zu kalt), 125 g Zucker, 2 TL Vanillezucker

Belag
150 g Butter, 250 g brun farin (typisch dänischer brauner klebriger Zucker), 75 ml Milch, 250 g Kokosraspeln

SO WIRD'S GEMACHT:

1. Ofen auf 180° Umluft oder 190° Ober-Unterhitze vorheizen. Auflaufform mit Backpapier auslegen.
2. Butter und Milch im Topf vorsichtig erwärmen, bis die Butter geschmolzen ist.
3. Mehl in eine Schüssel sieben, Backpulver untermischen. In einer zweiten Schüssel Eier und Zucker schön schaumig schlagen.
4. Vanillezucker in die Milch-Butter-Mischung rühren.
5. Mehlmischung und Buttermischung im Wechsel zu den Eiern geben und zu einem glatten Teig verrühren.
6. Den Teig in die mit Backpapier ausgelegte Auflaufform füllen. Etwa 20 Minuten auf der unteren Schiene backen, öfter kontrollieren. Nach dem Backen die Form leicht auskühlen lassen und den Ofen auf 200° Ober-/Unterhitze stellen.
7. Für den Belag Butter, brun farin und Milch in einem Topf erwärmen. Wenn die Masse fast kocht, die Kokosflocken zufügen. Kräftig umrühren und aufkochen lassen.
8. Mit einem Teigschaber vorsichtig eine kleine Portion Belag auf dem warmen Kuchenboden verteilen. Nicht zu fest streichen, der Boden wird sonst zerdrückt.
9. Den Kuchen noch mal 5–6 Minuten backen. So entsteht eine Kruste. Auskühlen lassen.

LILLE DRØMME . RELLINGEN ⟶ SEITE 112

MANDEL-CAKEPOPS MIT NUSSNUGAT-KERN

VEGAN & GLUTENFREI

ZUTATEN:
für ca. 20–30 Cakepops

250 g gemahlene Mandeln, 2 TL glutenfreies Backpulver, 50 g glutenfreies Mehl, 1½ reife Bananen, 1 Prise Salz, 100 g Rapsöl, 1 TL Zimt, 100 g brauner Zucker, 100 g veganes Nussnugat, 100 g Zartbitterkuvertüre, 1 TL Kokosöl
außerdem: Cakepop-Form, Sticks zum Aufspießen

SO WIRD'S GEMACHT:

1. Ofen auf 180° Umluft vorheizen. Gemahlene Mandeln, Backpulver und gesiebtes Mehl in einer Schüssel mischen. In einer weiteren Schüssel die Bananen mit einer Gabel zerdrücken. Salz, Öl, Zimt und Zucker zugeben und alles gut verrühren. Bananen-Zucker-Mix unter die Mehlmischung rühren.
2. Nussnugat in ca. 1 cm große Würfel schneiden.
3. Teig zu kleinen Kugeln formen (etwa Golfball-Größe), Nussnugat-Würfel in die Mitte drücken und nochmals formen. Kugeln in die Cakepop-Form legen und im Ofen etwa 20 Minuten backen. 10 Minuten auskühlen lassen, aus der Form drücken und vollständig abkühlen lassen.
4. Kuvertüre im Wasserbad erhitzen, Kokosöl hinzugeben und mischen. Kugeln mit Sticks aufspießen und in der Kuvertüre wenden. Abtropfen lassen und stabil zum Abkühlen aufstellen.

Tipp: In einem Styroporblock halten die Spieße am besten.

EDI M. . NÜRNBERG ⟶ SEITE 16

SELBST GEMACHTE LIMONADE

Kühle Erfrischung zur Eröffnung oder zum Tag der offenen Tür

ZUTATEN:
für 0,5 l Sirup

je 2 Becher brauner Zucker und Wasser, Schale und Saft von 1 Zitrone, 1 Rosmarinzweig

SO WIRD'S GEMACHT:

1. Wasser und Zucker aufkochen, ca. 15 Minuten köcheln lassen.
2. Rosmarinzweig, Zitronensaft und -schale zufügen, nochmals 15 Minuten köcheln lassen.
3. Durch ein Sieb abschütten und abkühlen lassen. Mit Mineralwasser aufgießen.

MONKIND X GRETAS SCHWESTER STUDIOSTORE . BERLIN ⟶ SEITE 128

NORDSEEWELLE

ZUTATEN:

für Springformen von 28 cm Durchmesser

Teig
190 g weiche Butter, 190 g Zucker, 6 Eigelb, 225 g Dinkelmehl, 3 gestr. TL Backpulver, 10 EL Milch

Baiser
6 Eiweiß, 200 g Zucker, gehobelte Mandeln

Füllung
500 ml Sahne, 3 Päckchen Sahnesteif, 50 g Zucker, 1 Schale frische Heidelbeeren

SO WIRD'S GEMACHT:

1. Butter und Zucker schaumig schlagen, Eigelb nach und nach unterrühren. Mehl, Backpulver und Milch zugeben und zu einem geschmeidigen Teig verrühren.
2. Eine bzw. zwei Springformen einfetten. Backofen auf 180° vorheizen. Teig in Hälften teilen und jeweils (oder nacheinander) in die Backformen streichen. In den Ofen schieben und etwa 20 Minuten backen.
3. In der Zwischenzeit für das Baiser Eiweiß und Zucker sehr steif schlagen. In Hälften teilen und auf die vorgebackenen Böden verteilen. Jeweils eine Handvoll gehobelter Mandeln darüberstreuen und weitere 15 Minuten backen (evtl. zwischendurch mit Alufolie abdecken, das Baiser sollte nur leicht anbräunen). Böden auskühlen lassen.
4. Sahne, Sahnesteif und Zucker steif schlagen und auf dem ersten Boden verteilen. Mit Heidelbeeren belegen und den zweiten Boden draufsetzen.

ECHT LIEBENSWERT . MÖSSINGEN ⟶ SEITE 32

GROSSMUTTERS APFELKÜCHERL

ZUTATEN:

250 g Mehl, 500 ml Milch, 3 Eier, 1 Prise Salz, Butterschmalz oder Speiseöl (z.B. Sonnenblumenöl) zum Backen, 10 kleine Äpfel (bio oder wenn möglich aus dem eigenen Garten), Zimt und Zucker

SO WIRD'S GEMACHT:

1. Mehl, Milch, Eier und Salz zu einem glatten Teig verrühren.
2. Äpfel schälen, entkernen und in Scheiben schneiden.
3. In den angerührten Pfannkuchenteig eintauchen und in heißem Fett ausbacken. Dabei mehrmals wenden.
4. Die Kücherl auf Haushaltskrepp abtropfen lassen und mit einer Zimt-Zucker-Mischung bestreuen.

MEIN HERZBLUT . STRAUBING ⟶ SEITE 136

POPCORN

ZUTATEN:

Grundrezept für zwei große Portionstüten

etwa 100 g Maiskörner, einige Esslöffel Kokosöl

SO WIRD'S GEMACHT:

Die Maiskörner mit etwas Kokosöl vermischen und erhitzen. Ein Testmaiskorn in den Topf geben und abwarten, bis es „ploppt". Dann den Topfboden mit Maiskörnern bedecken, Deckel drauf und nach etwa 1 Minute die Hitze reduzieren. Warten, bis alle Körner zu Popcorn werden und das fertige Popcorn in eine große Schüssel geben.

Süß: Zimt-Kokos-Topping

ZUTATEN:

Kokosöl nach Augenmaß, 1 EL Kokoszucker, ½ EL Vanillepulver, ½ EL Zimt

SO WIRD'S GEMACHT:

Kokosöl in einem Topf leicht erhitzen und darin Kokoszucker, Vanillepulver und Zimt vermischen. Dann die Mischung über das Popcorn verteilen.

Herzhaft: Rosmarin-Parmesan-Topping

ZUTATEN:

1 Zweig Rosmarin (frisch aus dem Garten, ganz fein gehackt), etwas Kokosöl, 50 g frisch geriebener Parmesan, 2 Prisen Salz und/oder Pfeffer (je nach Bedarf)

SO WIRD'S GEMACHT:

Rosmarin in einer Pfanne mit etwas Kokosöl leicht erhitzen. Der Rosmarin darf nicht verbrennen, das Kokosöl soll nur den Geschmack des Rosmarins annehmen. Den Topf von der Herdplatte nehmen und das bereits zubereitete Popcorn dazugeben. Parmesan darüberstreuen und umrühren. Wer mag, kann mit Salz oder Pfeffer abschmecken.

HERR HOLGERSSON . GAU-ALGESHEIM → SEITE 80

IMPRESSUM

© 2017 Verlag Georg D.W. Callwey GmbH & Co. KG
Streitfeldstraße 35, 81673 München
buch@callwey.de
Tel.: +49 89 436006-0

www.callwey.de
www.facebook.com/callwey
www.instagram.com/callwey
www.facebook.com/shopgirlsbuch

Bibliografische Information der Deutschen Nationalbibliothek
Die Deutsche Nationalbibliothek verzeichnet diese Publikation in der Deutschen Nationalbibliografie; detaillierte bibliografische Daten sind im Internet über <http://dnb.d-nb.de> abrufbar.
Das Werk einschließlich aller seiner Teile ist urheberrechtlich geschützt. Jede Verwertung außerhalb der engen Grenzen des Urheberrechtsgesetzes ist ohne Zustimmung des Verlages unzulässig und strafbar. Das gilt insbesondere für Vervielfältigungen, Übersetzungen, Mikroverfilmungen und die Einspeicherung und Verarbeitung in elektronischen Systemen.

ISBN 978-3-7667-2254-6

Die Autorin
Tina Schneider-Rading studierte Literatur und Psychologie in München. Sie arbeitete über zehn Jahre im Textressort der deutschen Ausgabe von ELLE Decoration, heute schreibt die ausgebildete Journalistin unter anderem für die Titel GQ, Myself, Schöner Wohnen, Living at Home, Essen & Trinken, Lust auf Genuss und für verschiedene Tourismus- und Kunden-Magazine. Ihr Büro ist spezialisiert auf Homestorys, Reise- und Genuss-Reportagen, Porträts & Features. Sie lebt mit ihrer Familie südlich von München und am Rande des Ruhrgebiets.

Die Fotografin
Die Fotografin Ulrike Schacht lebt und arbeitet als freie Fotografin in Hamburg. Zu ihren Kunden gehören namhafte Magazine und Unternehmen wie Astra Zeneca, Beiersdorf, Dein Spiegel, Der Spiegel, Für Sie, Jako-O, Ingenics, Landgenuss, Myself und Shape. Sie ist immer neugierig auf Menschen und ihre Geschichten und hat einen Faible für Lifestyle und Interior.

HINTER DEN KULISSEN: ZWEI HOCHZEITEN UND EIN TODESFALL

Manchmal laufen Job und Privatleben ineinander. Zwei unserer 28 Shop Girls haben im Sommer 2016 geheiratet, sie bereiteten also neben dem Shooting auch noch Junggesellinnenabschied, Hochzeit und Flitterwochen vor. Und ein Familienmitglied und Kinderliebling verstarb, während die Mama an ihrem DIY schraubte: Möhre, das Kaninchen. Ein rundum bewegender Sommer also – für uns alle.

Dieses Buch wurde mit CALLWEY QUALITÄT für Sie hergestellt:

Wir waren der Meinung, unsere Shop-Girls brauchen etwas ganz Besonderes. Eine Buchseite soll nicht nur schön aussehen, sie muss sich auch gut anfühlen. Beim Inhaltspapier haben wir uns für ein Garda Matt Art in 150 g/m^2 entschieden – ein Material, das wir in unseren Buchproduktionen sehr gerne einsetzen. Bei einem so tollen Inhalt muss aber auch die Verpackung passen. Warum ein Lesezeichen immer im Inneren des Buches verstecken? Wir haben es einfach direkt auf dem Cover platziert. Das einfache, schöne Etikett findet seinen Platz in einer Tiefprägung auf dem Titel. Es wurde mit einem ablösbaren Klebepunkt an seinem vorgesehenen Platz fixiert. Damit dieser mit goldener Heissfolienprägung veredelte Karton immer seinen Platz in diesem Buch findet, haben wir ihn geöst und mit einem auf Cover und Inhalt farblich abgestimmten Leseband verknotet. Versteckt sich dieses Lesezeichen im Inhalt, glänzt das Cover immer noch mit einem Titel in goldener Heissfolienprägung.

Dieses Buch wurde in Deutschland gedruckt und gebunden bei der Druckerei Mohn Media Mohndruck GmbH in Gütersloh.

Viel Freude mit diesem Buch wünschen Ihnen:

Projektleitung: Raffaela Reif
Lektorat: Büro Anne Funck, München
Grafische Gestaltung: Gramisci
Editorialdesign, Sina Chakoh
mit Marc Strittmatter
Herstellung: Franziska Gassner

CALLWEY
MIT LIEBE UND SORGFALT BEGLEITET VON
R. Reif
SEIT 1884

MENÜ
MUSIK
TÜRKISCHER ABEND
Auswahl, deren Reichtum und Schönheit alle Freunden begeistert.
Es gibt auf kulinarischem und musikalischem Gebiet ungezählte Möglichkeiten. Die Hausfrau tut gut, sich auch geographisch zu bilden, um recht viele Teile der Landkarte gastfreundlichen Zwecken dienstbar zu machen ... Jxy